嵌入式系统原理实验教程
——ARM 体系结构

卢冶 编著

南开大学出版社

天 津

图书在版编目 (CIP) 数据

嵌入式系统原理实验教程：ARM 体系结构 / 卢冶编著 . — 天津：南开大学出版社，2019.5
ISBN 978-7-310-05791-7

Ⅰ . ①嵌… Ⅱ . ①卢… Ⅲ . ①微处理器－系统设计－教材 Ⅳ . ① TP332.3

中国版本图书馆 CIP 数据核字 (2019) 第 081879 号

南开大学出版社出版发行

出版人：刘运峰

地址：天津市南开区卫津路 94 号　　邮政编码：300071
营销部电话：(022)23508339　23500755
营销部传真：(022)23508542　邮购部电话：(022)23502200

*

天津午阳印刷股份有限公司印刷
全国各地新华书店经销

*

2019 年 5 月第 1 版　　2019 年 5 月第 1 次印刷
185×260 毫米　16 开本　14.5 印张　312 千字
定价：36.00 元

如遇图书印装质量问题，请与本社营销部联系调换，电话：(022)23507125

目　　录

第 1 章　引言

1.1　编写目的

本书实验平台采用北京奥尔斯教育科技有限公司的 S5P6818 嵌入式原理教学实验系统,采用编程与移植裁剪等方法,对嵌入式系统各个层次和完整系统开发进行实验,使学生加深对嵌入式系统原理和应用开发的理解,提高学生动手实践能力。

本书从嵌入式 ARM 体系结构的基础知识、系统环境构建到系统分层应用,分为三个阶段深入浅出地为读者指明嵌入式 ARM 体系结构及其实验应用的方法,引领读者进行嵌入式系统开发实践。书中内容涉及 ARM 裸机操作、汇编与 C 语言、Linux 系统裁剪与移植、驱动开发、QT 移植、Android 系统移植与应用等。书中对实验原理、实验环境、实验步骤、实验结果做出了详尽的讲解和说明,以期学生能够更好地了解并掌握嵌入式系统设计与开发的方法。

1.2　本书特色

重基础,适合教学,讲解全面。本书在一般性教材的基础上,对嵌入式系统的软硬件开发环境、系统搭建、功能开发等进行了大量的讲解,可以让读者更进一步、更全面地了解嵌入式的开发过程。

重实践,与实际项目相结合。本书按照嵌入式系统层次结构,对应提供了丰富的实验内容,并且实验原理和实验内容一一对应,每个知识点在深入理解后可运用于实践,本书附带参考设计代码和说明文档,访问网页(http://ics.nankai.edu.cnlemledded/Ev1.0.pdf)可下载。

重应用,书中的实例针对常用、普遍的设备、软件环境、工具等进行了详细的讲解和说明,力求教程所涉及的内容能够紧密结合行业实际应用的需要。

第 2 章　嵌入式系统概论

电子数字计算机诞生于 1946 年,在其后漫长的历史进程中,计算机始终被供养在特殊的机房中,是实现数值计算的大型昂贵设备。直到 20 世纪 70 年代,随着微处理器的出现,计算机才出现了历史性的变化。以微处理器为核心的微型计算机以其小型、价廉、高可靠性特点,迅速走出机房;基于高速数值解算能力的微型机,以其智能化水平引起了控制专业人士的兴趣,被嵌入到一个个对象体系中,实现对象体系的智能化控制。例如,将微型计算机经电气加固、机械加固,并配置各种外围接口电路,安装到大型舰船中,构成自动驾驶仪或轮机状态监测系统。这样一来,计算机便失去了原来的形态与通用的计算机功能。为了区别于原有的通用计算机系统,把嵌入到对象体系中,实现对象体系智能化控制的计算机,称作嵌入式计算机系统。

2.1　嵌入式系统的概念

根据国际电气与电子工程师学会(IEEE)的定义,嵌入式系统是"控制、监视或者辅助装置、机器和设备运行的装置"。这主要是从应用上加以定义的,从中可以看出嵌入式系统是软件和硬件的综合体。不过上述定义并不能充分体现出嵌入式系统的精髓,目前国内一个普遍被认同的定义是:以应用为中心,以计算机技术为基础,软件硬件可裁剪,适应应用系统对功能、可靠性、成本、体积、功耗严格要求的专用计算机系统。简单地说,嵌入式系统集系统的应用软件与硬件于一体,类似于 PC 中 BIOS 的工作方式,具有软件代码小、高度自动化、响应速度快等特点,特别适合于要求实时和多任务的体系。嵌入式系统主要由嵌入式处理器、相关支撑硬件、嵌入式操作系统及应用软件系统等组成,它是可独立工作的"器件"。

在明确了嵌入式系统定义基础上,我们可从以下几方面来理解嵌入式系统。

①嵌入式系统是面向用户、面向产品、面向应用的,嵌入式系统是与应用紧密结合的,它具有很强的专用性,必须结合实际系统需求进行合理的裁剪利用。嵌入式系统和具体应用有机地结合在一起,它的升级换代也是和具体产品同步进行,因此嵌入式系统产品一旦进入市场,具有较长的生命周期。

②嵌入式系统是将先进的计算机技术、半导体技术和电子技术与各个行业的具体应用相结合后的产物。这一点就决定了它必然是一个技术密集、资金密集、高度分散、不断创新的知识集成系统。

③嵌入式系统必须根据应用需求对软硬件进行裁剪,满足应用系统的功能、可靠性、成本、体积等要求。为了提高执行速度和系统可靠性,嵌入式系统中的软件一般都固化在存储器芯片或单片机本身中,而不是存贮于磁盘等载体中。

④嵌入式系统本身不具备自主开发能力,即使设计完成以后用户通常也是不能对其中

的程序功能进行修改的,必须有一套开发工具和环境才能进行开发。

实际上,凡是与产品结合在一起的具有嵌入式特点的控制系统都可以叫嵌入式系统。现在人们讲嵌入式系统时,某种程度上指近些年比较热门的具有操作系统的嵌入式系统。

2.2　嵌入式系统的组成及处理器介绍

嵌入式系统是计算机软件和硬件的综合体,可涵盖机械或其他的附属装置。所以嵌入式系统可以笼统地分为硬件和软件两部分。嵌入式系统的构架可以分成四个部分:处理器、存储器、输入输出(I/O)和软件(由于多数嵌入式设备的应用软件和操作系统都是紧密结合的,在这里我们对其不加区分,这也是嵌入式系统和通用 PC 系统的最大区别)。嵌入式系统的组成如图 2-1 所示。

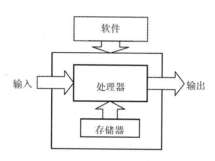

图 2-1　嵌入式系统组成

嵌入式系统的硬件部分,包括处理器 / 微处理器、存储器及外设器件和 I/O 端口、图形控制器等。嵌入式系统有别于一般的计算机处理系统,它不具备像硬盘那样大容量的存储介质,而大多使用 EPROM、EEPROM 或闪存(Flash Memory)作为存储介质。

嵌入式系统的核心部件是各种类型的嵌入式处理器,目前据不完全统计,全世界嵌入式处理器的品种总量已经超过 1000 多种,流行体系结构有二三十个系列。现在几乎每个半导体制造商都生产嵌入式处理器,越来越多的公司有自己的处理器设计部门。嵌入式处理器的寻址空间一般从 64 KB 到 16 MB~32 MB,处理速度从 0.1 MIPS 到 2000 MIPS。根据其现状,嵌入式计算机可以分成下面几类。

1. 嵌入式微处理器(Embedded Microprocessor Unit,EMPU)

嵌入式微处理器的基础是通用计算机中的 CPU。在应用中,将微处理器装配在专门设计的电路板上,只保留和嵌入式应用有关的母板功能,这样可以大幅度减小系统体积和功耗。为了满足嵌入式应用的特殊要求,嵌入式微处理器虽然在功能上和标准微处理器基本是一样的,但在工作温度、抗电磁干扰、可靠性等方面一般都做了各种增强。

和工业控制计算机相比,嵌入式微处理器具有体积小、重量轻、成本低、可靠性高的优点,但是在电路板上必须包括 ROM、RAM、总线接口、各种外设等器件,从而降低了系统的可靠性,技术保密性也较差。嵌入式微处理器及其存储器、总线、外设等安装在一块电路板上,称为单板计算机,如 STD-BUS、PC104 等。近年来,德国、日本的一些公司又开发出了类似"火柴盒"式名片大小的嵌入式计算机系列 OEM 产品。

嵌入式处理器目前主要有 AML86/88、386EX、SC-400、Power PC、68000、MIPS、ARM 等系列。

2. 嵌入式微控制器(Microcontroller Unit，MCU)

嵌入式微控制器又称单片机,顾名思义,就是将整个计算机系统集成到一块芯片中。嵌入式微控制器一般以某一种微处理器内核为核心,芯片内部集成 ROM/EPROM、RAM、总线、总线逻辑、定时 / 计数器、WatchDog、I/O、串行口、脉宽调制输出、A/D、D/A、FlashRAM、EEPROM 等各种必要功能和外设。为适应不同的应用需求,一般一个系列的单片机具有多种衍生产品,每种衍生产品的处理器内核都是一样的,不同的是存储器和外设的配置及封装。这样可以使单片机最大限度地和应用需求相匹配,功能不多不少,从而减少功耗和成本。

和嵌入式微处理器相比,微控制器的最大特点是单片化,体积大大减小,从而使功耗和成本下降、可靠性提高。微控制器是目前嵌入式系统工业的主流。微控制器的片上外设资源一般比较丰富,适合于控制,因此称微控制器。

嵌入式微控制器目前的品种和数量最多,比较有代表性的通用系列包括 ARM、8051、P51XA、MCS-251、MCS-96/196/286、C166/167、MC68HC05/11/12/16、68290 等。另外还有许多半通用系列,如支持 USB 接口的 MCU 8XC929/931、C540、C541,支持 I2C、CAN-Bus、LCD 及众多专用 MCU 和兼容系列。目前 MCU 占嵌入式系统约 70% 的市场份额。

特别值得注意的是近年来提供 X86 微处理器的著名厂商 AMD 公司,将 AML86CC/CH/CU 等嵌入式处理器称之为 Microcontroller,MOTOROLA 公司把以 Power PC 为基础的 PPC505 和 PPC555 也列入单片机行列。TI 公司也将其 TMS320C2XXX 系列 DSP 作为 MCU 进行推广。

3. 嵌入式 DSP 处理器(Embedded Digital Signal Processor，EDSP)

DSP 处理器对系统结构和指令进行了特殊设计,使其适合于执行 DSP 算法,编译效率较高,指令执行速度也较高。在数字滤波、FFT、谱分析等方面 DSP 算法正在大量进入嵌入式领域,DSP 应用正从在通用单片机中以普通指令实现 DSP 功能,过渡到采用嵌入式 DSP 处理器。嵌入式 DSP 处理器有两个发展来源:一是 DSP 处理器经过单片化、EMC 改造、增加片上外设成为嵌入式 DSP 处理器,TI 的 TMS320C2000/C5000 等属于此范畴;二是在通用单片机或 SOC 中增加 DSP 协处理器,例如 INTEL 的 MCS-286 和 SIEMENS 的 TriCore。

推动嵌入式 DSP 处理器发展的另一个因素是嵌入式系统的智能化,例如各种带有智能逻辑的消费类产品,生物信息识别终端,带有加解密算法的键盘,ADSL 接入、实时语音压解系统,虚拟现实显示等。这类智能化算法一般都是运算量较大,特别是向量运算、指针线性寻址等较多,而这些正是 DSP 处理器的长处所在。

嵌入式 DSP 处理器比较有代表性的产品是 TI 公司的 TMS320 系列和 MOTOROLA 公司的 DSP56000 系列。TMS320 系列处理器包括用于控制的 C2000 系列,移动通信的 C5000 系列,以及性能更高的 C6000 和 C8000 系列。DSP56000 目前已经发展成为

DSP56000、DSP56100、DSP56200 和 DSP56290 等几个不同系列的处理器。另外 PHILIPS 公司今年也推出了基于可重置 SP 结构低成本、低功耗技术上制造的 REAL DSP 处理器,特点是具备双 Harvard 结构和双乘 / 累加单元,应用目标是大批量消费类产品。

4. 嵌入式片上系统(System On Chip,SOC)

随着 EDA 的推广和 VLSI 设计的普及化,及半导体工艺的迅速发展,在一个硅片上实现一个更为复杂的系统的时代已来临,这就是 SOC。各种通用处理器内核将作为 SOC 设计公司的标准库,和许多其他嵌入式系统外设一样,成为 VLSI 设计中一种标准的器件,用标准的 VHDL 等语言描述,存储在器件库中。用户只须定义出其整个应用系统,仿真通过后就可以将设计图交给半导体工厂制作样品。这样除个别无法集成的器件以外,整个嵌入式系统大部分均可集成到一块或几块芯片中去,应用系统电路板将变得很简洁,对于减小体积和功耗、提高可靠性非常有利。

SOC 可以分为通用和专用两类。通用系列包括 SIEMENS 的 TriCore、MOTOROLA 的 M-Core、某些 ARM 系列器件、ECHELON 和 MOTOROLA 联合研制的 Neuron 芯片等。专用 SOC 一般专用于某个或某类系统中,不为一般用户所知。一个有代表性的产品是 PHILIPS 的 Smart XA,它将 XA 单片机内核和支持超过 2048 位复杂 RSA 算法的 CCU 单元制作在一块硅片上,形成一个可加载 JAVA 或 C 语言的专用的 SOC,可用于公众互联网如 Internet 安全方面。

2.3　嵌入式操作系统

嵌入式操作系统(Embedded Operating System,EOS)是指用于嵌入式系统应用的操作系统软件。嵌入式操作系统是一种用途广泛的系统软件,是嵌入式系统(包括硬、软件系统)极为重要的组成部分,通常包括与硬件相关的底层驱动软件、系统内核、设备驱动接口、通信协议、图形界面、标准化浏览器等。嵌入式操作系统具有通用操作系统的基本特点,如负责嵌入式系统的全部软、硬件资源的分配、任务调度,控制、协调并发活动。与通用操作系统相比较,嵌入式操作系统在系统实时高效性、硬件的相关依赖性、软件固态化以及应用的专用性等方面具有较为突出的特点。它必须体现其所在系统的特征,能够通过装卸某些模块来达到系统所要求的功能。目前在嵌入式领域广泛使用的操作系统:嵌入式实时操作系统 μC/OS-II、嵌入式 Linux、Windows Embedded、VxWorks 等,以及应用在智能手机和平板电脑的 Android、iOS 等。

2.3.1　嵌入式操作系统的种类

一般情况下,嵌入式操作系统可以分为两类:一类是面向控制、通信等领域的实时操作系统,如 WindRiver 公司的 VxWorks、ISI 的 pSOS、QNX 系统软件公司的 QNX、ATI 的 Nucleus 等;另一类是面向消费电子产品的非实时操作系统,这类产品包括个人数字助理(PDA)、移动电话、机顶盒、电子书、WebPhone 等,如 Apple 公司的 iOS、Google 公司的

Android 等。

1. 非实时操作系统(如图 2-2 所示)

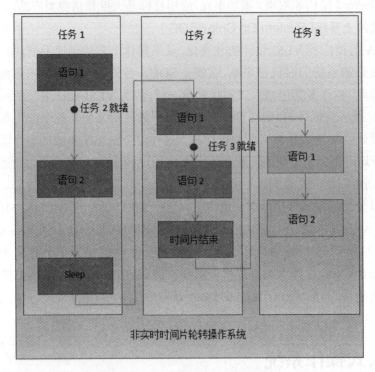

图 2-2　非实时操作系统任务调度

　　早期的嵌入式系统中没有操作系统的概念,程序员编写嵌入式程序通常直接面对裸机及裸设备。在这种情况下,通常把嵌入式程序分成两部分,即前台程序和后台程序。前台程序通过中断来处理事件,其结构一般为无限循环;后台程序则掌管整个嵌入式系统软、硬件资源的分配、管理以及任务的调度,是一个系统管理调度程序。这就是通常所说的前后台系统。

　　一般情况下,后台程序也叫任务级程序,前台程序也叫事件处理级程序。在程序运行时,后台程序检查每个任务是否具备运行条件,通过一定的调度算法来完成相应的操作。对于实时性要求特别严格的操作通常由中断来完成,仅在中断服务程序中标记事件的发生,不再做任何工作就退出中断,经过后台程序的调度,转由前台程序完成事件的处理,这样就不会造成在中断服务程序中处理费时的事件而影响后续和其他中断。

　　实际上,前后台系统的实时性比预计的要差。这是因为前后台系统认为所有的任务具有相同的优先级别,即是平等的,而且任务的执行又是通过 FIFO 队列排队,因而对那些实时性要求高的任务不可能立刻得到处理。另外,由于前台程序是一个无限循环的结构,一旦在这个循环体中正在处理的任务崩溃,使得整个任务队列中的其他任务也得不到机会被处理,从而造成整个系统的崩溃。由于这类系统结构简单,几乎不需要 RAM/ROM 的额外开销,因而使简单的嵌入式应用被广泛使用。

2. 实时操作系统（如图 2-3 所示）

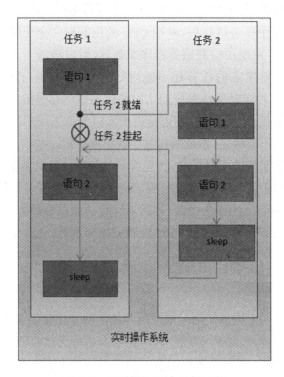

图 2-3　实时操作系统任务调度

实时操作系统是指能在确定的时间内执行其功能并对外部的异步事件做出响应的计算机系统。其操作的正确性不仅依赖于逻辑设计的正确程度，而且与这些操作进行的时间有关。"在确定的时间内"是该定义的核心。也就是说，实时系统是对响应时间有严格要求的。

实时操作系统对逻辑和时序的要求非常严格，如果逻辑和时序出现偏差将会引起严重后果。实时系统有两种类型：软实时系统和硬实时系统。软实时系统仅要求事件响应是实时的，并不要求限定某一任务必须在多长时间内完成；而在硬实时系统中，不仅要求任务响应要实时，而且要求在规定的时间内完成事件的处理。通常，大多数实时系统是两者的结合。实时应用软件的设计一般比非实时应用软件更困难。实时系统的技术关键是如何保证系统的实时性。

实时多任务操作系统是指具有实时性、能支持实时控制系统工作的操作系统。其首要任务是调度一切可利用的资源完成实时控制任务，其次才着眼于提高计算机系统的使用效率，重要特点是要满足对时间的限制和要求。实时操作系统具有如下功能：任务管理（多任务和基于优先级的任务调度）、任务间同步和通信（信号量和邮箱等）、存储器优化管理（含ROM 的管理）、实时时钟服务、中断管理服务。实时操作系统具有如下特点：规模小，中断被屏蔽的时间很短，中断处理时间短，任务切换很快。

实时操作系统可分为可抢占型和不可抢占型两类。对于基于优先级的系统而言，可抢占型实时操作系统是指内核可以抢占正在运行任务的 CPU 使用权并将使用权交给进入就绪态的优先级更高的任务,是内核抢了 CPU 让别的任务运行。不可抢占型实时操作系统使用某种算法并决定让某个任务运行后,就把 CPU 的控制权完全交给了该任务,直到它主动将 CPU 控制权还回来。中断由中断服务程序来处理,可以激活一个休眠态的任务,使之进入就绪态;而这个进入就绪态的任务还不能运行,一直要等到当前运行的任务主动交出 CPU 的控制权。使用这种实时操作系统的实时性比不使用实时操作系统的系统性能好,其实时性取决于最长任务的执行时间。不可抢占型实时操作系统的缺点也恰恰是这一点,如果最长任务的执行时间不能确定,系统的实时性就不能确定。

可抢占型实时操作系统的实时性好,优先级高的任务只要具备了运行的条件,或者说进入了就绪态,就可以立即运行。也就是说,除了优先级最高的任务,其他任务在运行过程中都可能随时被比它优先级高的任务中断,让后者运行。通过这种方式的任务调度保证了系统的实时性,但是,如果任务之间抢占 CPU 控制权处理不好,会产生系统崩溃、死机等严重后果。

2.3.2　嵌入式操作系统的发展

嵌入式操作系统伴随着嵌入式系统的发展经历了四个比较明显的阶段。

第一阶段是无操作系统的嵌入算法阶段,是以单芯片为核心的可编程控制器形式的系统,同时具有与监测、伺服、指示设备相配合的功能。这种系统大部分应用于一些专业性极强的工业控制系统中,一般没有操作系统的支持,通过汇编语言编程对系统进行直接控制,运行结束后清除内存。这一阶段系统的主要特点是:系统结构和功能都相对单一,处理效率较低,存储容量较小,几乎没有用户接口。由于这种嵌入式系统使用简便、价格很低,以前在国内工业领域应用较为普遍,但是已经远远不能适应高效的、需要大容量存储介质的现代化工业控制和新兴的信息家电等领域的需求。

第二阶段是以嵌入式 CPU 为基础、以简单操作系统为核心的嵌入式系统。这一阶段系统的主要特点是:CPU 种类繁多,通用性比较差;系统开销小,效率高;一般配备系统仿真器,操作系统具有一定的兼容性和扩展性;应用软件较专业,用户界面不够友好;系统主要用来控制系统负载以及监控应用程序运行。

第三阶段是通用的嵌入式操作系统阶段,是以嵌入式操作系统为核心的嵌入式系统。这一阶段系统的主要特点是:嵌入式操作系统能运行于各种不同类型的微处理器上,兼容性好;操作系统内核精小、效率高,并且具有高度的模块化和扩展性;具备文件和目录管理、设备支持、多任务、网络支持、图形窗口以及用户界面等功能;具有大量的应用程序接口(API),开发应用程序简单;嵌入式应用软件丰富。

第四阶段是以基于 Internet 为标志的嵌入式系统,这是一个正在迅速发展的阶段。目前大多数嵌入式系统还孤立于 Internet 之外,但随着 Internet 的发展以及 Internet 技术与信息家电、工业控制技术等结合日益密切,嵌入式设备与 Internet 的结合将代表着嵌入式技术的真正未来。

2.3.3　使用嵌入式操作系统的必要性

嵌入式操作系统在目前的嵌入式应用中用得越来越广泛,尤其在功能复杂、系统庞大的应用中显得愈来愈重要。

一是,嵌入式操作系统提高了系统的可靠性。在控制系统中,出于安全方面的考虑,要求系统起码不能崩溃,而且还要有自愈能力。不仅要求在硬件设计方面提高系统的可靠性和抗干扰性,而且也应在软件设计方面提高系统的抗干扰性,尽可能地减少安全漏洞和不可靠的隐患。长期以来的前后台系统软件设计在遇到强干扰时,使得运行的程序产生异常、出错、跑飞,甚至死循环,造成了系统的崩溃。而操作系统管理的系统,这种干扰可能只是引起若干进程中的一个被破坏,可以通过系统运行的系统监控进程对其进行修复。通常情况下,这个系统监视进程用来监视各进程运行状况,遇到异常情况时采取一些利于系统稳定可靠的措施,如把有问题的任务清除掉。

二是,提高了开发效率,缩短了开发周期。在嵌入式操作系统环境下,开发一个复杂的应用程序,通常可以按照软件工程中的解耦原则将整个程序分解为多个任务模块。每个任务模块的调试、修改几乎不影响其他模块。商业软件一般都提供了良好的多任务调试环境。

三是,嵌入式操作系统充分发挥了 CPU 的多任务潜力。它本来是为运行多用户、多任务操作系统而设计的,特别适于运行多任务实时系统。CPU 采用利于提高系统可靠性和稳定性的设计,使其更容易做到不崩溃。例如,CPU 运行状态分为系统态和用户态。将系统堆栈和用户堆栈分开,以及实时地给出 CPU 的运行状态等,允许用户在系统设计中从硬件和软件两方面对实时内核的运行实施保护。如果还是采用以前的前后台方式,则无法发挥CPU 的优势。

从某种意义上说,没有操作系统的计算机(裸机)是没有用的。在嵌入式应用中,只有把 CPU 嵌入到系统中,同时又把操作系统嵌入进去,才是真正的计算机嵌入式应用。

2.3.4　嵌入式操作系统的优缺点

在嵌入式操作系统环境下开发应用程序使程序的设计和扩展变得容易,不需要大的改动就可以增加新的功能。通过将应用程序分割成若干独立的任务模块,使应用程序的设计过程大为简化;而且对实时性要求苛刻的事件都得到了快速、可靠的处理。通过有效的系统服务,嵌入式操作系统使得系统资源得到更好的利用。

但是,使用嵌入式实时操作系统还需要额外的 ROM/RAM 开销,2%~5% 的 CPU 额外负荷,以及内核的费用。

2.4　嵌入式 Linux 操作系统

Linux 的出现,最早开始于一位名叫莱纳斯·托瓦兹(Linus Torvalds)的计算机业余爱好者,当时他是芬兰赫尔辛基大学的学生。他的目的是想设计一个代替 Minix(是由 Andrew Tannebaum 的计算机教授编写的一个操作系统示教程序)的操作系统,这个操作系统可用于

386、486 或奔腾处理器的个人计算机上,并且具有 Unix 操作系统的全部功能,因而开始了 Linux 雏形的设计。

嵌入式 Linux 操作系统是嵌入式操作系统的一个成员,其最大的特点是源代码公开并且遵循 GPL 协议,近几年来已成为研究热点。目前正在开发的嵌入式系统中,有近 50% 的项目选择 Linux 作为嵌入式操作系统。

嵌入式 Linux 操作系统是将日益流行的 Linux 操作系统进行裁剪修改,使之能在嵌入式计算机系统上运行的一种操作系统。嵌入式 Linux 既继承了 Internet 上无限的开放源代码资源,又具有嵌入式操作系统的特性。

嵌入式 Linux 的特点是版权免费,购买费用仅仅是媒介成本,技术支持由全世界的自由软件开发者提供,支持网络特性,免费而且性能优异,软件移植容易,代码开放,有许多应用软件支持,应用产品开发周期短,新产品上市迅速,因为有许多公开的代码可以参考和移植,实时性能由 RT Linux、Hardhat Linux 等嵌入式 Linux 支持,实时性能稳定性好,安全性好。

嵌入式 Linux 的应用领域非常广泛,主要的应用领域有信息家电、PDA、机顶盒、Digital Telephone、Answering Machine、Screen Phone、数据网络、Ethernet Switches、Router、Bridge、Hub、Remote access servers、ATM、Frame relay、远程通信、医疗电子、交通运输计算机外设、工业控制、航空航天领域等。

Linux 做嵌入式的优势:第一,Linux 是开放源代码的,不存在黑箱技术,遍布全球的众多 Linux 爱好者又是 Linux 开发者的强大技术支持。第二,Linux 的内核小、效率高,内核的更新速度很快,Linux 是可以定制的,其系统内核最小只有约 134KB。第三,Linux 是免费的操作系统,在价格上极具竞争力。Linux 还有着嵌入式操作系统所需要的很多特色,突出的就是 Linux 适应于多种 CPU 和多种硬件平台,是一个跨平台的系统。到目前为止,它可以支持二三十种 CPU。而且性能稳定,裁剪性很好,开发和使用都很容易。很多 CPU 包括家电业芯片,都开始做 Linux 的平台移植工作。移植的速度远远超过 Java 的开发环境。也就是说,如果今天用 Linux 环境开发产品,那么将来换 CPU 就不会遇到困扰。同时,Linux 内核的结构在网络方面是非常完整的,Linux 对网络中最常用的 TCP/IP 协议有最完备的支持。提供了包括十兆、百兆、千兆的以太网络,以及无线网络,Toker ring(令牌环网)、光纤甚至卫星的支持。所以 Linux 很适于做信息家电的开发。

还有使用 Linux 的原因是无线连接产品的开发者越来越多。Linux 在快速增长的无线连接应用主场中有一个非常重要的优势,就是有足够快的开发速度。这是因为 Linux 有很多工具,并且 Linux 为众多程序员所熟悉。因此,我们要在嵌入式系统中使用 Linux 操作系统。

Linux 的大小适合嵌入式操作系统——Linux 固有的模块性、适应性和可配置性,使得这很容易做到。另外,Linux 源码的实用性使得成千上万的程序员热切期望它用于无数的嵌入式应用软件中,从而导致很多嵌入式 Linux 的出现,包括 Embedix、ETLinux、LEM Linux Router Project、LOAF μCLinux、muLinux、ThinLinux、FirePlug Linux 和 PizzaBox Linux。

相比微软,Linux 的图形界面发展很快,像 GNOME、KDE、UTITY 等都是很优秀的桌面管理器,针对嵌入式应用, Linux 有 QT 桌面管理器,并且其背后有着众多的社团支持,可定制性强,已经在 Unix 和 Linux 世界普及开来。

传统的嵌入式系统厂商也采用了 Linux 策略,如 Lynxworks Windriver QNX 等,还有 Internet 上的大量嵌入式 Linux 爱好者的支持。嵌入式 Linux 支持几乎所有的嵌入式 CPU 和被移植到几乎所有的嵌入式 OEM 板。

2.4.1　Linux 介绍

从应用上讲, Linux 一般有四个主要部分:内核、Shell、文件结构和实用工具。

1. Linux 内核

内核是系统的心脏,是运行程序和管理像磁盘和打印机等硬件设备的核心程序。它从用户那里接受命令并把命令送给内核去执行。

2. Linux Shell

Shell 是系统的用户界面,提供了用户与内核进行交互操作的一种接口。它接收用户输入的命令并把它送入内核去执行。

实际上 Shell 是一个命令解释器,它解释由用户输入的命令并且把它们送到内核。不仅如此, Shell 有自己的编程语言用于对命令的编辑,它允许用户编写由 Shell 命令组成的程序。Shell 编程语言具有普通编程语言的很多特点,比如它也有循环结构和分支控制结构等,用这种编程语言编写的 Shell 程序与其他应用程序具有同样的效果。

Linux 提供了像 Microsoft Windows 那样的可视的命令输入界面——X Window 的图形用户界面(GUI)。它提供了很多窗口管理器,其操作就像 Windows 一样,有窗口、图标和菜单,所有的管理都是通过鼠标控制。现在比较流行的窗口管理器是 KDE 和 GNOME。

每个 Linux 系统的用户可以拥有他自己的用户界面或 Shell,用以满足他们自己专门的 Shell 需要。同 Linux 本身一样, Shell 也有多种不同的版本。目前主要有下列版本的 Shell。

① Bourne Shell:是贝尔实验室开发的。

② BASH:是 GNU 的 Bourne Again Shell,是 GNU 操作系统上默认的 Shell。

③ Korn Shell:是对 Bourne Shell 的发展,在大部分内容上与 Bourne Shell 兼容。

④ C Shell:是 SUN 公司 Shell 的 BSD 版本。

3. Linux 文件结构

文件结构是文件存放在磁盘等存储设备上的组织方法,主要体现在对文件和目录的组织上。目录提供了管理文件的一个方便而有效的途径。我们能够从一个目录切换到另一个目录,而且可以设置目录和文件的权限,设置文件的共享程度。

使用 Linux,用户可以设置目录和文件的权限,以便允许或拒绝其他人对其进行访问 Linux 目录采用多级树形结构,图 2-4 表示了这种树形等级结构。用户可以浏览整个系统可以进入任何一个已授权进入的目录,访问那里的文件。

文件结构的相互关联性使共享数据变得容易,几个用户可以访问同一个文件。是一个多用户系统,操作系统本身的驻留程序存放在以根目录开始的专用目录中,有定为系统目录。图 2-4 中那些根目录下的目录就是系统目录。

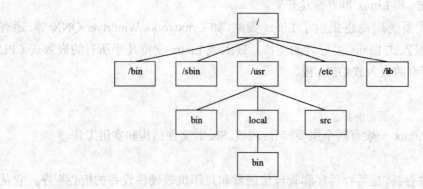

图 2-4　Linux 的目录结构

　　内核、Shell 和文件结构一起形成了基本的操作系统结构。它们使得用户可以运行程序、管理文件以及使用系统。此外，Linux 操作系统还有许多被称为实用工具的程序，辅助用户完成一些特定的任务。

4. Linux 实用工具

　　标准的 Linux 系统都有一套叫作实用工具的程序，它们是专门的程序，例如编辑器、执行标准的计算操作等。用户也可以产生自己的工具。

　　实用工具可分三类。

①编辑器：用于编辑文件。

②过滤器：用于接收数据并过滤数据。

③交互程序：允许用户发送信息或接收来自其他用户的信息。

　　Linux 的编辑器主要有 Ed、Ex、Vi 和 Emacs。Ed 和 Ex 是行编辑器，Vi 和 Emacs 是全屏幕编辑器。

　　Linux 的过滤器（Filter）读取从用户文件或其他地方的输入，检查和处理数据，然后输出结果。从这个意义上说，它们过滤了经过它们的数据。Linux 有不同类型的过滤器，一些过滤器用行编辑命令输出一个被编辑的文件。另外一些过滤器是按模式寻找文件并以这种模式输出部分数据。还有一些执行字处理操作，检测一个文件中的格式，输出一个格式化的文件。过滤器的输入可以是一个文件，也可以是用户从键盘键入的数据，还可以是另一个过滤器的输出。过滤器可以相互连接，因此，一个过滤器的输出可能是另一个过滤器的输入。在有些情况下，用户可以编写自己的过滤器程序。

　　交互程序是用户与机器的信息接口。Linux 是一个多用户系统，它必须和所有用户保持联系。信息可以由系统上的不同用户发送或接收。信息的发送有两种方式：一种方式是与其他用户一对一地链接进行对话；另一种是一个用户对多个用户同时链接进行通信，即所谓广播式通信。

2.4.2　Linux 内核

Linux 内核是整个 Linux 系统的灵魂，Linux 内核负责整个系统的内存管理、进程调度和文件管理。Linux 内核只是 Linux 操作系统一部分，可分为两个层面：对于下面，它管理系统的所有硬件设备；对于上面，它通过系统调用（System Call），向 Library（例如 C 库）或者其他应用程序提供接口，如图 2.5 所示。

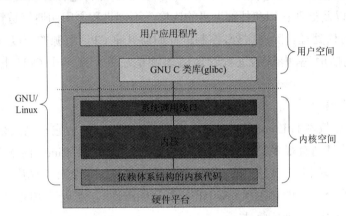

图 2-5　GNU/Linux 操作系统的基本体系结构

Linux 内核的容量并不大，并且大小可以裁剪，这个特性对于嵌入式是非常有好处的。一般来说，一个功能比较全面的内核也不会超过 1M。合理的配置 Linux 内核是嵌入式开发中很重要的一步，对内核的充分了解是嵌入式 Linux 开发的基本功。

简单介绍一下内核功能的划分，Linux 内核的功能大致分成如下几个部分。

（1）进程调度

进程调度控制系统中的多个进程对 CPU 的访问使得多个进程能在 CPU 微观串行、宏观并行地执行。进程调度处于系统的中心位置，内核中其他的子系统都依赖它，因为每个子系统都需要挂起或恢复进程。

（2）内存管理

内存是计算机的主要资源之一，用来管理内存的策略是决定系统性能的一个关键因素。内存管理的主要作用是控制多个进程安全地共享主内存区域。当 CPU 提供内存管理单元（MMU）时，Linux 内存管理完成为每个进程进行虚拟内存到物理内存的转换。

（3）虚拟文件系统

Linux 在很大程度上依赖于文件系统的概念，Linux 中的每个对象几乎都是可以被视为文件的。Linux 虚拟文件系统（VFS）隐藏了各种硬件的具体细节，为所有的设备提供了统一的接口。而且，它独立于各个具体的文件系统，是对各种文件系统的一个抽象，它使用超级模块 super block 存放文件系统相关信息，使用索引节点 inode 存放文件系统的物理信息，使用目录项 dentry 存放文件的逻辑信息。

（4）网络接口

网络接口提供了对各种网络的标准的存取和各种网络硬件的支持。网络接口可分为网络协议和网络驱动程序,网络协议部分负责实现每一种可能的网络传输协议,网络设备驱动程序负责与硬件设备进行通信,每一种可能的硬件设备都有相应的设备驱动程序。

（5）进程通信

Linux 支持进程间多种通信机制,包含信号量、共享内存、管道等,这些机制可协助多个进程、多资源的互斥访问、进程间的同步和消息传递。

Linux 2.6 后的内核特点是引入了对无 MMU CPU 的支持进程管理:进程管理功能负责创建和撤销进程以及处理它们和外部世界的连接。不同进程之间的通信是整个系统的基本功能,因此也由内核处理。除此之外,控制进程如何共享 CPU 资源的调度程序也是进程管理的一部分。概括地说,内核的进程管理活动就是在单个或多个 CPU 上实现多进程的抽象。

（1）新的调度器

Linux 2.6 以后版本的 Linux 内核使用了新的进程调度算法,它在高负载的情况下有极其出色的性能,并且当有很多处理器时也可以很好地扩展。在 Linux 内核 2.6 的早期采用了 O（1）算法,之后转移到 CFS（Completely Fair Scheduler,完全公平调度）算法。在 Linux 3.14 中,也增加了一个新的调度类: SCHED_DEADLINE,它实现了 EDF（Earliest Deadline First,最早截止期限优先）调度算法。

（2）内核抢占

在 Linux 2.6 以后版本的 Linux 内核中,一个内核任务可以被抢占,从而提高系统的实时性。这样做最主要的优势在于,可以极大地增强系统的用户交互性,用户将会觉得鼠标单击和击键的事件得到了更快速的响应。Linux 2.6 以后的内核版本还是存在一些不可抢占的区间,如中断上下文、软中断上下文和自旋锁锁住的区间,如果给 Linux 内核打上 RT-Preempt 补丁,则中断和软中断都被线程化了,自旋锁也被互斥体替换,Linux 内核变得能支持硬实时。

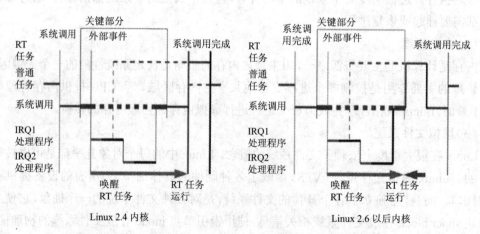

图 2-6　Linux 2.4 和 Linux 2.6 以后的内核在抢占上的区别

如图 2-6 所示,左侧是 Linux 2.4,右侧是 Linux 2.6 以后的内核。在 Linux 2.4 的内核

中,在 IRQ1 的中断服务程序唤醒 RT(实时)任务后,必须要等待前面一个 Normal(普通)任务的系统调用完成,返回用户空间的时候,RT 任务才能切入;而在 Linux 2.6 以后的内核中,Normal 任务的关键部分(如自旋锁)结束的时候,RT 任务就从内核切入了。不过也可以看出,Linux 2.6 以后的内核仍然存在中断、软中断、自旋锁等原子上下文进程无法抢占执行的情况,这是 Linux 内核本身只提供软实时能力的原因。

(3)改进的线程模型

Linux 2.6 以后版本中的线程采用 NPTL(Native POSIX Thread Library,本地 POSIX 线程库)模型,操作速度得以极大提高,相比于 Linux 2.4 内核时代的 Linux Threads 模型,它也更加遵循 POSIX 规范的要求。NPTL 没有使用 Linux Threads 模型中采用的管理线程,内核本身也增加了 FUTEX(Fast Userspace Mutex,快速用户态互斥体),从而减小多线程的通信开销。

(4)虚拟内存的变化

从虚拟内存的角度来看,新内核融合了 r-map(反向映射)技术,显著改善虚拟内存在一定大小负载下的性能。在 Linux 2.4 中,要回收页时,内核的做法是遍历每个进程的所有PTE 以判断该 PTE 是否与该页建立了映射,如果建立了,则取消该映射,最后无 PTE 与该页相关联后才回收该页。在 Linux 2.6 之后的内核,则建立反向映射,可以通过页结构体快速寻找到页面的映射。

(5)文件系统

Linux 2.6 版以后的内核增加了对日志文件系统功能的支持,解决了 Linux 2.4 及之前版本在这方面的不足。Linux 2.6 之后版本内核在文件系统上的关键变化还包括对扩展属性及 POSIX 标准访问控制的支持。ext2/ext3/ext4 作为大多数 Linux 系统默认安装的文件系统,在 Linux 2.6 之后内核版本内核中增加了对扩展属性的支持,可以给指定的文件在文件系统中嵌入元数据。

在文件系统方面,当前的研究热点是基于 B 树的 Btrfs,Btrfs 称为是下一代 Linux 文件系统,它在扩展性、数据一致性、多设备管理和针对 SSD 的优化等方面都优于 ext4。

(6)音频

高级 Linux 音频体系结构(Advanced Linux Sound Architecture,ALSA)取代了缺陷很多旧的 OSS(Open Sound System)。ALSA 支持 USB 音频和 MIDI 设备,并支持全双工重放等功能。

(7)总线、设备和驱动模型

在 Linux 2.6 以后的内核中,总线、设备、驱动三者之间因为一定的联系性而实现对设备的控制。总线是三者联系起来的基础,通过一种总线类型,将设备和驱动联系起来。总线类型中的 match() 函数用来匹配设备和驱动,当匹配操作完成之后就会执行驱动程序中的probe() 函数。

(8)电源管理

支持高级配置和电源接口(Advanced Configuration and Power Interface,ACPI),用于调

整 CPU 在不同的负载下工作于不同的时钟频率以降低功耗。目前，Linux 内核的电源管理（PM）相对比较完善了，包括 CPUFreq、CPUIdle、CPU 热插拔、设备运行时（runtime）PM、Linux 系统挂起到内存和挂起到硬盘等全套的支持，在 ARM 上的支持也较完备。

（9）联网和 IPSec

Linux 2.6 之后内核中加入了对 IPSec 的支持，删除了原来内核内置的 HTTP 服务器 khttpd，加入了对新的 NFSv4（网络文件系统）客户机 / 服务器的支持，并改进了对 IPv6 的支持。

（10）用户界面层

Linux 2.6 之后内核重写了帧缓冲 / 控制台层，人机界面层还加入了对近乎所有接口设备的支持（从触摸屏到盲人用的设备和各种各样的鼠标）。

在设备驱动程序方面，Linux 2.6 之后内核相对于 Linux 2.4 之前内核也有较大的改动，这主要表现在内核 API 中增加了不少新功能（例如内存池），sysfs 文件系统，内核模块从 .o 变为 .ko，驱动模块编译方式，模块使用计数，模块加载和卸载函数的定义等方面。

（11）Linux 3.0 后 ARM 架构的变更

Linus Torvalds 在 2011 年 3 月 17 日的 ARM Linux 邮件列表中宣称："ARM 的设计让人痛苦"，这引发了 ARM Linux 社区的地震，随后 ARM 社区进行了一系列重大修正。社区必须改变这种局面，于是 PowerPC 等其他体系结构下已经使用的 FDT（Flattened Device Tree）进入到了 ARM 社区的视野。

此外，ARM Linux 的代码在时钟、DMA、pinmux、计时器刻度等诸多方面都进行了优化和调整，也删除了 arch/arm/mach-xxx/include/mach 头文件目录，以至于 Linux 3.7 以后的内核可以支持多平台，即用同一份内核镜像运行于多家 SoC 公司的多个芯片，实现"一个 Linux 可适用于所有的 ARM 系统"。

2.4.3　主流嵌入式 Linux 系统

除了智能数字终端领域以外，Linux 在移动计算平台、智能工业控制、金融业终端系统，甚至军事领域都有着广泛的应用前景。这些 Linux 被统称为"嵌入式 Linux"。下面就来看看都有哪些嵌入式 Linux 在以上领域纵横驰骋吧！

1.RT-Linux

这是由美国墨西哥理工学院开发的嵌入式 Linux 操作系统。到目前为止，RT-Linux 已经成功地应用于航天飞机的空间数据采集、科学仪器测控和电影特技图像处理等广泛领域。RT-Linux 开发者并没有针对实时操作系统的特性而重写 Linux 的内核，因为这样做的工作量非常大，而且要保证兼容性也非常困难。为此，RT-Linux 提出了精巧的内核，并把标准的 Linux 核心作为实时核心的一个进程，同用户的实时进程一起调度。这样对 Linux 内核的改动非常小，并且充分利用了 Linux 下现有的丰富的软件资源。

2. μClinux

μCLinux 是 Lineo 公司的主打产品，同时也是开放源码的嵌入式 Linux 的典范之作。

μCLinux 主要是针对目标处理器没有存储管理单元 MMU（Memory Management Unit）的嵌入式系统而设计的。它已经被成功地移植到了很多平台上。由于没有 MMU，其多任务的实现需要一定技巧。μCLinux 是一种优秀的嵌入式 Linux 版本，是 micro-Conrol-Linux 的缩写。它秉承了标准 Linux 的优良特性，经过各方面的小型化改造，形成了一个高度优化的、代码紧凑的嵌入式 Linux。虽然它的体积很小，却仍然保留了 Linux 的大多数的优点：稳定、良好的移植性、优秀的网络功能、对各种文件系统完备的支持和标准丰富的 API。它专为嵌入式系统做了许多小型化的工作，目前已支持多款 CPU。其编译后目标文件可控制在几百 KB 数量级，并已经被成功地移植到很多平台上。

3.Embedix

Embedix 是由嵌入式 Linux 行业主要厂商之一 Luneo 推出的，是根据嵌入式应用系统的特点重新设计的 Linux 发行版本。Embedix 提供了超过 25 种的 Linux 系统服务，包括 Web 服务器等。系统需要最小 8 MB 内存，3 MB ROM 或快速闪存。Embedix 基于 Linux 2.2 内核，并已经成功地移植到了 Intel x86 和 PowerPC 处理器系列上。像其他的 Linux 版本一样，Embedix 可免费获得。Luneo 还发布了另一个重要的软件产品，它可以让在 Windows CE 上运行的程序能够在 Embedix 上运行。Luneo 还将计划推出 Embedix 的开发调试工具包、基于图形界面的浏览器等。可以说，Embedix 是一种完整的嵌入式 Linux 解决方案。

4.XLinux

XLinux 是由美国网虎公司推出，主要开发者是陈盈豪。他在加盟网虎几个月后便开发出了基于 XLinux 的、号称是世界上最小的嵌入式 Linux 系统，内核只有 143 KB，而且还在不断减小。XLinux 核心采用了"超字元集"专利技术，让 Linux 核心不仅可能与标准字符集相容，还含盖了 12 个国家和地区的字符集。因此，XLinux 在推广 Linux 的国际应用方面有独特的优势。

5.PoketLinux

PoketLinux 由 Agenda 公司采用、作为其新产品"VR3 PDA"的嵌入式 Linux 操作系统。它可以提供跨操作系统构造统一的、标准化的和开放的信息通信基础结构，在此结构上实现端到端方案的完整平台。PoketLinux 资源框架开放，使普通的软件结构可以为所有用户提供一致的服务。PoketLinux 平台使用户的视线从设备、平台和网络上移开，由此引发了信息技术新时代的产生。在 PoketLinux 中，称之为用户化信息交换（CIE），也就是提供和访问为每个用户需求而定制的"主题"信息的能力，而不管正在使用的设备是什么。

6.MidoriLinux

由 Transmeta 公司推出的 MidoriLinux 操作系统代码开放，在 GUN 普通公共许可（GPL）下发布，可以在 http://midori.transmeta.com 上立即获得。"MidoriLinux"这个名字来源于日本的"绿色"——Midori，用来反映其 Linux 操作系统的环保外观。

7. 红旗嵌入式 Linux

由北京中科院红旗软件公司推出的嵌入式 Linux 是国内做得较好的一款嵌入式操作系统。目前，中科院计算所自行开发的开放源码的嵌入式操作系统——Easy Embedded OS

（EEOS）也已经开始进入实用阶段了。该款嵌入式操作系统重点支持 p-Java。系统目标一方面是小型化，另一方面能重用 Linux 的驱动和其他模块。由于有中科院计算所的强大科研力量做后盾，EEOS 有望发展成为功能完善、稳定、可靠的国产嵌入式操作系统平台。

第3章 嵌入式 ARM 技术概论

ARM 体系结构的处理器在嵌入式中的应用是非常广泛的,本章将向读者介绍 ARM 处理器的基本知识。通过阅读本章,读者将了解以下主要内容:

➤ ARM 体系结构的技术特征及发展。
➤ ARM 微处理器结构特征与数据类型。
➤ 存储系统。
➤ 流水线。
➤ 寄存器组织。

3.1 ARM 体系结构的技术特征及发展

ARM(Advanced RISC Machines)有 3 种含义,它是一个公司的名称,是一类微处理器的通称,还是一种技术的名称。

3.1.1 ARM 公司简介

1991 年 ARM 公司(Advanced RISC Machine Limited)成立于英国剑桥,最早由 Arcon、Apple 和 VLSI 合资成立,主要出售芯片设计技术的授权,1985 年 4 月 26 日,第一个 ARM 原型在英国剑桥的 Acorn 计算机有限公司诞生(在美国 VLSI 公司制造)。目前,ARM 架构处理器已在高性能、低功耗、低成本的嵌入式应用领域中占据了领先地位。

ARM 公司最初只有 12 人,经过多年的发展,ARM 公司已拥有近千名员工,在许多国家都设立了分公司,包括在中国上海的分公司。目前,内核采用 ARM 技术知识产权的微处理器,即我们通常所说的 ARM 微处理器,已遍及工业控制、消费类电子产品、通信系统、网络系统、无线系统等各类产品市场,基于 ARM 技术的微处理器应用约占据了 32 位 RISC 微处理器 80% 以上的市场份额,其中,在手机市场,ARM 占有绝对的垄断地位。可以说,ARM 技术正在逐步渗入人们生活中的各个方面,而且随着 32 位 CPU 价格的不断下降和开发环境的不断成熟,ARM 技术会应用得越来越广泛。

ARM 公司是专门从事基于 RISC 技术芯片设计开发的公司,作为嵌入式 RISC 处理器的知识产权 IP 供应商,公司本身并不直接从事芯片生产,而是靠转让设计许可,由合作公司生产各具特色的芯片,世界各大半导体生产商从 ARM 公司购买其设计的 ARM 微处理器核,根据各自不同的应用领域,加入适当的外围电路,从而形成自己的 ARM 微处理器芯片进入市场,利用这种合伙关系,ARM 很快成为许多全球性 RISC 标准的缔造者。目前,全世界有几十家大的半导体公司都使用 ARM 公司的授权,其中包括 Intel、IBM、SAMSUNG、LG 半导体、NEC、SONY、PHILIP 等公司,这也使得 ARM 技术获得更多的第三方工具、制造厂商、软件的支持,又使整个系统成本降低,使产品更容易进入市场并被消费者所接受,更具有竞争力。

3.1.2　ARM 技术特征

ARM 的成功,一方面得益于它独特的公司运作模式,另一方面,当然来自于 ARM 处理器自身的优良性能。作为一种先进的 RISC 处理器,ARM 处理器有如下特点。

①体积小、低功耗、低成本、高性能。

②支持 Thumb(16 位)/ARM(32 位)双指令集,能很好地兼容 8 位 /16 位器件。

③大量使用寄存器,指令执行速度更快。

④大多数数据操作都在寄存器中完成。

⑤寻址方式灵活简单,执行效率高。

⑥指令长度固定。

此处有必要解释一下 RISC 处理器的概念及其与 CISC 微处理器的区别。

(1)嵌入式 RISC 微处理器

RISC(Reduced Instruction Set Computer)是精简指令集计算机,RISC 把着眼点放在如何使计算机的结构更加简单和如何使计算机的处理速度更加快速上。RISC 选取了使用频率最高的简单指令,抛弃复杂指令,固定指令长度,减少指令格式和寻址方式,不用或少用微码控制。这些特点使得 RISC 非常适合嵌入式处理器。

(2)嵌入式 CISC 微处理器

传统的复杂指令级计算机(CISC)则更侧重于硬件执行指令的功能性,使 CISC 指令及处理器的硬件结构变得更复杂。这些会导致成本、芯片体积的增加,影响其在嵌入式产品的应用。表 3-1 描述了 RISC 和 CISC 之间的主要区别。

表 3-1　RISC 和 CISC 之间主要的区别

指标	RISC	CISC
指令集	一个周期执行一条指令,通过简单指令的组合实现复杂操作;指令长度固定	指令长度不固定,执行需要多个周期
流水线	流水线每周期前进一步	指令的执行需要调用微代码的一个微程序
寄存器	更多通用寄存器	用于特定目的的专用寄存器
Load/Store 结构	独立的 Load 和 Store 指令完成数据在寄存器和外部存储器之间的传输	处理器能够直接处理存储器中的数据

3.2　ARM 微处理器结构特征与数据类型

3.2.1　结构特征

ARM 内核采用 RISC 体系结构。ARM 体系结构的主要特征如下。

①采用大量的寄存器,它们都可以用于多种用途。

②采用 Load/Store 体系结构。

③每条指令都条件执行。

④采用多寄存器的 Load/Store 指令。

⑤能够在单时钟周期执行的单条指令内完成一项普通的移位操作和一项普通的 ALU 操作。

⑥通过协处理器指令集来扩展 ARM 指令集,包括在编程模式中增加了新的寄存器和数据类型。

⑦如果把 Thumb 指令集也当作 ARM 体系结构的一部分,那么在 Thumb 体系结构中还可以高密度 16 位压缩形式表示指令集。

3.2.2　ARM 的基本数据类型

ARM 采用的是 32 位架构,ARM 的基本数据类型有以下 3 种。

① Byte:字节,8bit。

② Halfword:半字,16bit(半字必须与 2 字节边界对齐)。

③ Word:字,32bit(字必须与 4 字节边界对齐)。

存储器可以看作是序号为 $0 \sim 2^{32}-1$ 的线性字节阵列。如图 3-1 所示,为 ARM 存储器的组织结构。其中每一个字节都有唯一的地址。字节可以占用任一位置,图中给出了几个例子。长度为 1 个字的数据项占用一组 4 字节的位置,该位置开始于 4 的倍数的字节地址(地址最末两位为 00)。半字占有两个字节的位置,该位置开始于偶数字节地址(地址最末一位为 0)。

字3			
字2			
字1			
半字2		半字1	
字节4	字节3	字节2	字节1

图 3-1　ARM 存储器组织结构

注意:

① ARM 系统结构 v4 以上版本支持以上 3 种数据类型,v4 以前版本仅支持字节和字。

②当将这些数据类型中的任意一种声明成 unsigned 类型时,n 位数据值表示范围为 $0 \sim 2^n-1$ 的非负数,通常使用二进制格式。

③当将这些数据类型的任意一种声明成 signed 类型时,n 位数据值表示范围为 $-2^{n-1} \sim 2^{n-1}-1$ 的整数,使用二进制的补码格式。

④所有数据类型指令的操作数都是字类型的,如"ADD r1,r0,#0x1"中的操作数"0x1"就是以字类型数据处理的。

⑤ Load/Store 数据传输指令可以从存储器存取传输数据,这些数据可以是字节、半字、字。加载时自动进行字节或半字的零扩展或符号扩展。对应的指令分别为 LDRB/STRB

（字节操作）、LDRH/STRH（半字操作）、LDR/STR（字操作）。详见后面的指令参考。

⑥ ARM 指令编译后是 4 个字节（与字边界对齐）。Thumb 指令编译后是 2 个字节（与半字边界对齐）。

3.2.3　浮点数据类型

浮点运算使用在 ARM 硬件指令集中未定义的数据类型。尽管如此，但 ARM 公司在协处理器指令空间定义了一系列浮点指令。通常这些指令全部可以通过未定义指令异常（此异常收集所有硬件协处理器不接受的协处理器指令）在软件中实现，但是其中的一小部分也可以由浮点运算协处理器 FPA10 以硬件方式实现。另外，ARM 公司还提供了用 C 语言编写的浮点库作为 ARM 浮点指令集的替代方法（Thumb 代码只能使用浮点指令集）。该库支持 IEEE 标准的单精度和双精度格式。C 编译器有一个关键字标志来选择这个历程。它产生的代码与软件仿真（通过避免中断、译码和浮点指令仿真）相比既快又紧凑。

3.2.4　存储器大/小端

从软件角度看，内存相对于一个大的字节数组，其中每个数组元素（字节）都是可寻址的。ARM 支持大端模式（big-endian）和小端模式（little-endian）两种内存模式。 如图 3-2所示显示了大端模式和小端模式数据存放特点。

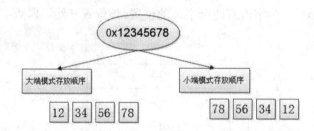

图 3-2　大小端模式存放数据的特点

下面的例子显示了使用内存大/小端（big/little endian）的存取格式。

程序执行前：

```
r0=0x11223344
```

执行指令：

```
r1=0x100
STR r0,[r1]
LDRB r2,[r1]
```

执行后：

```
小端模式下：r2=0x44
大端模式下：r2=0x11
```

上面的例子向我们提示了一个潜在的编程隐患。在大端模式下,一个字的高地址放的是数据的低位,而在小端模式下,数据的低位放在内存中的低地址。要小心对待存储器中一个字内字节的顺序。

3.2.5　Cortex-A53 内核工作模式

Cortex-A53 基于 ARM v8 架构,共有 8 种工作模式,如表 3-2 所示。

表 3-2　S5P6818 处理器的工作模式

处理器工作模式	简写	描述
用户模式（User）	usr	正常程序执行模式,大部分任务执行在这种模式下
快速中断模式（FIQ）	fiq	当一个高优先级（fast）中断产生时将会进入这种模式,一般用于高速数据传输和通道处理
外部中断模式（IRQ）	irq	当一个低优先级（normal）中断产生时将会进入这种模式,一般用于通常的中断处理
特权模式（Supervisor）	svc	当复位或软中断指令执行时进入这种模式,是一种供操作系统使用的保护模式
数据访问中止模式（Abort）	abt	当存取异常时将会进入这种模式,用于虚拟存储或存储保护
未定义指令中止模式（Undef）	und	当执行未定义指令时进入这种模式,有时用于通过软件仿真协处理器硬件的工作方式
系统模式（System）	sys	使用和 User 模式相同寄存器集的模式,用于运行特权级操作系统任务
监控模式（Monitor）	mon	可以在安全模式与非安全模式之间进行转换

除用户模式外的其他 7 种处理器模式称为特权模式（Privileged Modes）。在特权模式下,程序可以访问所有的系统资源,也可以任意地进行处理器模式切换。其中以下 6 种又称为异常模式。

①快速中断模式（FIQ）。

②外部中断模式（IRQ）。

③特权模式（Supervior）。

④数据访问中止模式（Abort）。

⑤未定义指令中止模式（Undef）。

⑥监控模式（Monitor）。

处理器工作模式可以通过软件控制进行切换,也可以通过外部中断或异常处理过程进行切换。 大多数的用户程序运行在用户模式下。当处理器工作在用户模式时,应用程序不能够访问受操作系统保护的一些系统资源,应用程序也不能直接进行处理器模式切换。当需要进行处理器模式切换时,应用程序可以产生异常处理,在异常处理过程中进行处理器模式切换。这样可以使操作系统控制整个系统资源的使用。

当应用程序发生异常中断时,处理器进入相应的异常模式。在每一种异常模式中都有一组专用寄存器以供相应的异常处理程序使用,这样就可以保证在进入异常模式时用户模式下的寄存器（保存程序运行状态）不被破坏。

3.3 存储系统

ARM 存储系统有非常灵活的体系结构,可以适应不同的嵌入式应用系统的需要。ARM 存储系统可以使用简单的平板式地址映射机制(就像一些简单的单片机一样,地址空间的分配方式是固定的,系统中各部分都使用物理地址),也可以使用其他技术提供功能更为强大的存储系统。例如:

①系统可能提供多种类型的存储器件,如 Flash、ROM、SRAM 等。

② Cache 技术。

③写缓存技术(Write Buffers)。

④虚拟内存和 I/O 地址映射技术。

大多数的系统通过下面的方法之一可实现对复杂存储系统的管理。

①使用 Cache,缩小处理器和存储系统速度差别,从而提高系统的整体性能。

②使用内存映射技术实现虚拟空间到物理空间的映射。这种映射机制对嵌入式系统非常重要。通常嵌入式系统程序存放在 ROM/Flash 中,这样系统断电后程序能够得到保存。但是,通常 ROM/Flash 与 SDRAM 相比,速度慢很多,而且基于 ARM 的嵌入式系统中通常把异常中断向量表放在 RAM 中。利用内存映射机制可以满足这种需要。在系统加电时,将 ROM/Flash 映射为地址 0,这样可以进行一些初始化处理;当这些初始化处理完成后将 SDRAM 映射为地址 0,并把系统程序加载到 SDRAM 中运行,这样可很好地满足嵌入式系统的需要。

③引入存储保护机制,增强系统的安全性。

④引入一些机制保证将 I/O 操作映射成内存操作后,各种 I/O 操作能够得到正确的结果。在简单存储系统中,不存在这样的问题。而当系统引入了 Cache 和 write buffer 后,就需要一些特别的措施。

在 ARM 系统中,要实现对存储系统的管理通常使用协处理器 CP15,它通常也被称为系统控制协处理器(System Control Coprocessor)。

ARM 的存储器系统是由多级构成的,可以分为内核级、芯片级、板卡级、外设级。如图 3-3 所示为存储器的层次结构。

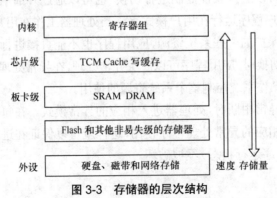

图 3-3 存储器的层次结构

每级都有特定的存储介质,下面对比各级系统中特定存储介质的存储性能。

①内核级的寄存器。处理器寄存器组可看作是存储器层次的顶层。这些寄存器被集成在处理器内核中,在系统中提供最快的存储器访问。典型的 ARM 处理器有多个 32 位寄存器,其访问时间为 ns 量级。

②芯片级的紧耦合存储器(TCM)是为弥补 Cache 访问的不确定性增加的存储器。TCM 是一种快速 SDRAM,它紧挨内核,并且保证取指和数据操作的时钟周期数,这一点对一些要求确定行为的实时算法是很重要的。TCM 位于存储器地址映射中,可作为快速存储器来访问。

③芯片级的片上 Cache 存储器的容量在 8 KB~32 KB 之间,访问时间大约为 10 ns。高性能的 ARM 结构中,可能存在第二级片外 Cache,容量为几百 KB,访问时间为几十 ns。

④板卡级的 DRAM。主存储器可能是几 MB 到几十 MB 的动态存储器,访问时间大约为 100 ns。

⑤外设级的后援存储器,通常是硬盘,可能从几百 MB 到几个 GB,访问时间为几十 ms。

3.4 协处理器(CP15)

ARM 处理器支持 16 个协处理器。在程序执行过程中,每个协处理器忽略属于 ARM 处理器和其他协处理器的指令。当一个协处理器硬件不能执行属于它的协处理器指令时,将产生一个未定义指令异常中断,在该异常中断处理程序中,可以通过软件模拟该硬件操作。例如,如果系统不包含向量浮点运算器,则可以选择浮点运算软件模拟包来支持向量浮点运算。CP15 即通常所说的系统控制协处理器(System Control Coprocessor),它负责完成大部分的存储系统管理。除了 CP15 外,在具体的各种存储管理机制中可能还会用到其他一些技术,如在 MMU 中除了 CP15 外,还使用了页表技术等。

在一些没有标准存储管理的系统中,CP15 是不存在的。在这种情况下,针对 CP15 的操作指令将被视为未定义指令,指令的执行结果不可预知。

CP15 包含 16 个 32 位寄存器,其编号为 0 ~ 15。实际上对于某些编号的寄存器可能对应多个物理寄存器,在指令中指定特定的标志位来区分这些物理寄存器。这种机制有些类似于 ARM 中的寄存器,当处于不同的处理器模式时,某些相同编号的寄存器对应于不同的物理寄存器。

CP15 中的寄存器可能是只读的,也可能是只写的,还有一些是可读 / 可写的。在对协处理器寄存器进行操作时,需要注意以下几个问题。

①寄存器的访问类型(只读 / 只写 / 可读可写)。

②不同的访问引发不同的功能。

③相同编号的寄存器是否对应不同的物理寄存器。

④寄存器的具体作用。

3.5　　存储管理单元(MMU)

在创建多任务嵌入式系统时,最好用一个简单的方式来编写、装载及运行各自独立的任务。目前大多数的嵌入式系统不再使用自己定制的控制系统,而使用操作系统来简化这个过程。较高级的操作系统采用基于硬件的存储管理单元(MMU)来实现上述操作。

MMU 提供的一个关键服务是使各个任务作为各自独立的程序在自己的私有存储空间中运行。在带 MMU 的操作系统控制下,运行的任务无须知道其他与之无关的任务的存储需求情况,这就简化了各个任务的设计。

MMU 提供了一些资源以允许使用虚拟存储器(将系统物理存储器重新编址,可将其看成一个独立于系统物理存储器的存储空间)。MMU 作为转换器,将程序和数据的虚拟地址(编译时的连接地址)转换成实际的物理地址,即在物理主存中的地址。这个转换过程允许运行的多个程序使用相同的虚拟地址,而各自存储在物理存储器的不同位置。

这样存储器就有两种类型的地址:虚拟地址和物理地址。虚拟地址由编译器和连接器在定位程序时分配;物理地址用来访问实际的主存硬件模块(物理上程序存在的区域)。

3.6　　高速缓冲存储器(Cache)

Cache 是一个容量小但存取速度非常快的存储器,它保存最近用到的存储器数据副本。对于程序员来说, Cache 是透明的。它自动决定保存哪些数据、覆盖哪些数据。现在 Cache 通常与处理器在同一芯片上实现。Cache 能够发挥作用是因为程序具有局部性。所谓局部性就是指在任何特定的时间,处理器趋于对相同区域的数据(如堆栈)多次执行相同的指令(如循环)。

Cache 经常与写缓存器(write buffer)一起使用。写缓存器是一个非常小的先进先出(FIFO)存储器,位于处理器核与主存之间。使用写缓存的目的是,将处理器核和 Cache 从较慢的主存写操作中解脱出来。当CPU 向主存储器做写入操作时,它先将数据写入到写缓存区中,由于写缓存器的速度很高,这种写入操作的速度也将很高。写缓存区在 CPU 空闲时,以较低的速度将数据写入到主存储器中相应的位置。

通过引入 Cache 和写缓存区,存储系统的性能得到了很大的提高,但同时也带来了一些问题。例如,由于数据将存在于系统中不同的物理位置,可能造成数据的不一致性;由于写缓存区的优化作用,可能有些写操作的执行顺序不是用户期望的顺序,从而造成操作错误。

3.7　流水线

3.7.1　流水线的概念与原理

处理器按照一系列步骤来执行每一条指令,典型的步骤如下。

①从存储器读取指令(fetch)。

②译码以鉴别它属于哪一条指令(decode)。

③从指令中提取指令的操作数(这些操作数往往存在于寄存器 reg 中)。

④将操作数进行组合以得到结果或存储器地址(ALU)。

⑤如果需要,则访问存储器以存储数据(mem)。

⑥将结果写回到寄存器堆(res)。

并不是所有的指令都需要上述每一个步骤,但是,多数指令需要其中的多个步骤。这些步骤往往使用不同的硬件功能,如 ALU 可能只在第 4 步中用到。因此,如果一条指令不是在前一条指令结束之前就开始,那么在每一步骤内处理器只有少部分的硬件在使用。

有一种方法可以明显改善硬件资源的使用率和处理器的吞吐量,这就是在当前一条指令结束之前就开始执行下一条指令,即通常所说的流水线(pipeline)技术。流水线是 RISC 处理器执行指令时采用的机制。使用流水线,可在取下一条指令的同时译码和执行其他指令,从而加快执行的速度。可以把流水线看作是汽车生产线,每个阶段只完成专门的处理器任务。

采用上述操作顺序,处理器可以这样来组织:当一条指令刚刚执行完步骤①并转向步骤②时,下一条指令就开始执行步骤①。从原理上说,这样的流水线应该比没有重叠的指令执行快 6 倍,但由于硬件结构本身的一些限制,实际情况会比理想状态差一些。

3.7.2　流水线的分类

1. 3 级流水线 ARM 组织

到 ARM 7 为止的 ARM 处理器使用简单的 3 级流水线,它包括下列几种流水线级。

①取指令(fetch):从寄存器装载一条指令。

②译码(decode):识别被执行的指令,并为下一个周期准备数据通路的控制信号。在这一级,指令占有译码逻辑,不占用数据通路。

③执行(excute):处理指令并将结果写回寄存器。

如图 3-4 所示为 3 级流水线指令的执行过程。

图 3-4　3 级流水线

当处理器执行简单的数据处理指令时,流水线使得平均每个时钟周期能完成 1 条指令。

但 1 条指令需要 3 个时钟周期来完成,因此,有 3 个时钟周期的延时(latency),但吞吐率(throughput) 是每个周期 1 条指令。

2.5 级流水线 ARM 组织

所有的处理器都要满足对高性能的要求,直到 ARM 7 为止,在 ARM 核中使用的 3 级流水线的性价比是很高的。但是,为了得到更高的性能,需要重新考虑处理器的组织结构。有两种方法来提高性能。

①提高时钟频率。时钟频率的提高,必然引起指令执行周期的缩短,所以要求简化流水线每一级的逻辑,流水线的级数就要增加。

②减少每条指令的平均指令周期数 CPI。这就要求重新考虑 3 级流水线 ARM 中多于 1 个流水线周期的实现方法,以便使其占有较少的周期,或者减少因指令相关造成的流水线停顿,也可以将两者结合起来。

3 级流水线 ARM 核在每一个时钟周期都访问存储器,或者取指令,或者传输数据,只是抓紧存储器不用的几个周期来改善系统性能,效果并不明显。为了改善 CPI,存储器系统必须在每个时钟周期中给出多于一个的数据。方法是在每个时钟周期从单个存储器中给出多于 32 位数据,或者为指令、或数据分别设置存储器。

基于以上原因,较高性能的 ARM 核使用了 5 级流水线,而且具有分开的指令和数据存储器。把指令的执行分割为 5 部分而不是 3 部分,进而可以使用更高的时钟频率,分开的指令和数据存储器使核的 CPI 明显减少。

在 ARM9TDMI 中使用了典型的 5 级流水线,5 级流水线包括下面的流水线级。

①取指令(fetch):从存储器中取出指令,并将其放入指令流水线。

②译码(decode):指令被译码,从寄存器堆中读取寄存器操作数。在寄存器堆中有 3 个操作数读端口,因此,大多数 ARM 指令能在 1 个周期内读其操作数。

③执行(execute):将其中 1 个操作数移位,并在 ALU 中产生结果。如果指令是 Load 或 Store 指令,则在 ALU 中计算存储器的地址。

④缓冲 / 数据(buffer/data):如果需要则访问数据存储器,否则 ALU 只是简单地缓冲 1 个时钟周期。

⑤回写(write-back):将指令的结果回写到寄存器堆,包括任何从寄存器读出的数据。

如图 3-5 所示,列出了 5 级流水线指令的执行过程。

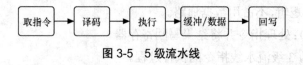

图 3-5　5 级流水线

在程序执行过程中, PC 值是基于 3 级流水线操作特性的。5 级流水线中提前 1 级来读取指令操作数,得到的值是不同的(PC + 4 而不是 PC + 8)。这里产生代码不兼容是不容许的。但 5 级流水线 ARM 完全仿真 3 级流水线的行为。在取指级增加的 PC 值被直接送到译码级的寄存器,穿过两级之间的流水线寄存器。下一条指令的 PC + 4 等于当前指令的

PC + 8,因此,未使用额外的硬件便得到了正确的 R15。

3.13 级流水线

在 Cortex-A8 及以上内核中采用 13 级的流水线,但是由于 ARM 公司没有对其中的技术公开任何相关的细节,这里只能简单介绍一下,从经典 ARM 系列到现在的 Cortex 系列,ARM 处理器的结构在向复杂的阶段发展,但没改变的是 CPU 的取指指令和地址关系,不管是几级流水线,都可以按照最初的 3 级流水线的操作特性来判断其当前的 PC 位置。这样做主要还是为了软件兼容性上的考虑,由此可以判断的是,后面 ARM 所推出的处理核心都想满足这一特点,感兴趣的读者可以自行查阅相关资料。

3.7.3 影响流水线性能的因素

1. 互锁

在典型的程序处理过程中,经常会遇到这样的情形,即一条指令的结果被用作下一条指令的操作数。例如,有如下指令序列:

```
LDR R0,[R0,#0]
ADD R0,R0,R1 ; 在 5 级流水线上产生互锁
```

从例子可以看出,流水线的操作产生中断,因为第 1 条指令的结果在第 2 条指令取数时还没有产生。第 2 条指令必须停止,直到结果产生为止。

2. 跳转指令

跳转指令也会破坏流水线的行为,因为后续指令的取指步骤受到跳转目标计算的影响,因而必须推迟。但是,当跳转指令被译码时,在它被确认是跳转指令之前,后续的取指操作已经发生。这样一来,已经被预取进入流水线的指令不得不被丢弃。如果跳转目标的计算是在 ALU 阶段完成的,那么在得到跳转目标之前已经有两条指令按原有指令流读取。

显然,只有当所有指令都依照相似的步骤执行时,流水线的效率达到最高。如果处理器的指令非常复杂,每一条指令的行为都与下一条指令不同,那么就很难用流水线实现。

3.8 寄存器组织

ARM 处理器有如下 40 个 32 位长的寄存器。

① 33 个通用寄存器。

② 6 个状态寄存器:1 个 CPSR(Current Program Status Register,当前程序状态寄存器),6 个 SPSR(Saved Program Status Register,备份程序状态寄存器)。

③ 1 个 PC(Program Counter,程序计数器)。

ARM 处理器共有 7 种不同的处理器模式,在每一种处理器模式中都有一组相应的寄存器组,如图 3-6 所示列出了 ARM 处理器的寄存器组织概要。

ARM通用状态寄存器及程序计数器

system and User	FIQ	Supervisor	Abort	IRQ	Underfined	Secure monitor
r0	r0	r0	r0	r0	r0	r0
r1	r1	r1	r1	r1	r1	r1
r2	r2	r2	r2	r2	r2	r2
r3	r3	r3	r3	r3	r3	r3
r4	r4	r4	r4	r4	r4	r4
r5	r5	r5	r5	r5	r5	r5
r6	r6	r6	r6	r6	r6	r6
r7	r7	r7	r7	r7	r7	r7
r8	r8_fiq	r8	r8	r8	r8	r8
r9	r9_fiq	r9	r9	r9	r9	r9
r10	r10_fiq	r10	r10	r10	r10	r10
r11	r11_fiq	r11	r11	r11	r11	r11
r12	r12_fiq	r12	r12	r12	r12	r12
r13	r13_fiq	r13_svc	r13_abt	r13_irq	r13_und	r13_mon
r14	r14_fiq	r14_svc	r14_abt	r14_irq	r14_und	r14_mon
r15	r15(PC)	r15(PC)	r15(PC)	r15(PC)	r15(PC)	r15(PC)

ARM执行状态寄存器组

CPSR	CPSR	CPSR	CPSR	CPSR	CPSR	CPSR
	SPSR_fiq	SPSR_svc	SPSR_abt	SPSR_irq	SPSR_und	SPSR_mon

■ 私有寄存器

图 3-6　ARM 寄存器列表

当前处理器的模式决定着哪组寄存器可操作,任何模式都可以存取下列寄存器。

①相应的 R0 ～ R12。

②相应的 R13(Stack Pointer,SP,栈指向)和 R14(the Link Register,LR,链路寄存器)。

③相应的 R15(PC)。

④相应的 CPSR。

特权模式(除 System 模式外)还可以存取相应的 SPSR。 通用寄存器根据其分组与否可分为以下两类。

①未分组寄存器(Unbanked Register),包括 R0 ～ R7。

②分组寄存器(Banked Register),包括 R8 ～ R14。

3.8.1　未分组寄存器

未分组寄存器包括 R0 ～ R7。顾名思义,在所有处理器模式下对于每一个未分组寄存器来说,指的都是同一个物理寄存器。未分组寄存器没有被系统用于特殊的用途,任何可采用通用寄存器的应用场合都可以使用未分组寄存器。但由于其通用性,在异常中断所引起的处理器模式切换时,其使用的是相同的物理寄存器,所以也就很容易使寄存器中的数据被破坏。

3.8.2　分组寄存器

R8 ～ R14 是分组寄存器,它们每一个访问的物理寄存器取决于当前的处理器模式。对于分组寄存器 R8 ～ R12 来说,每个寄存器对应两个不同的物理寄存器。一组用于除 FIQ 模式外的所有处理器模式,而另一组则专门用于 FIQ 模式。这样的结构设计有利于加快

FIQ 的处理速度。不同模式下寄存器的使用,要使用寄存器名后缀加以区分。例如,当使用 FIQ 模式下的寄存器时,寄存器 R8 和寄存器 R9 分别记为 R8_fiq、R9_fiq;当使用用户模式下的寄存器时,寄存器 R8 和 R9 分别记为 R8_usr、R9_usr 等。在 ARM 体系结构中, R8 ～ R12 没有任何指定的其他的用途,所以当 FIQ 中断到达时,不用保存这些通用寄存器,也就是说,FIQ 处理程序可以不必执行保存和恢复中断现场的指令,从而可以使中断处理过程非常迅速。所以 FIQ 模式常被用来处理一些时间紧急的任务,如 DMA 处理。

对于分组寄存器 R13 和 R14 来说,每个寄存器对应 6 个不同的物理寄存器。其中的一个是用户模式和系统模式公用的,而另外 5 个分别用于 5 种异常模式。访问时需要指定它们的模式。名字形式如下:

① R13_⟨mode⟩。

② R14_⟨mode⟩。

其中,⟨mode⟩ 可以是以下几种模式之一:usr、svc、abt、und、irp、fiq 及 mon。

R13 寄存器在 ARM 处理器中常用作堆栈指针,称为 SP。当然,这只是一种习惯用法,并没有任何指令强制性的使用 R13 作为堆栈指针,用户完全可以使用其他寄存器作为堆栈指针。而在 Thumb 指令集中,有一些指令强制性地将 R13 作为堆栈指针,如堆栈操作指令。

每一种异常模式拥有自己的 R13。异常处理程序负责初始化自己的 R13,使其指向该异常模式专用的栈地址。在异常处理程序入口处,将用到的其他寄存器的值保存在堆栈中,返回时,重新将这些值加载到寄存器。通过这种保护程序现场的方法,异常不会破坏被其中断的程序现场。

寄存器 R14 又被称为连接寄存器(Link Register, LR),在 ARM 体系结构中具有下面两种特殊的作用。

每一种处理器模式用自己的 R14 存放当前子程序的返回地址。当通过 BL 或 BLX 指令调用子程序时,R14 被设置成该子程序的返回地址。在子程序返回时,把 R14 的值复制到程序计数器(PC)。典型的做法是使用下列两种方法之一。

① 执行下面任何一条指令。

```
MOV PC, LR
BX LR
```

② 在子程序入口处使用下面的指令将 PC 保存到堆栈中。

```
STMFD SP!, {⟨register⟩,LR}
```

在子程序返回时,使用如下相应的配套指令返回。

```
LDMFD SP!, {⟨register⟩,PC}
```

当异常中断发生时,该异常模式特定的物理寄存器 R14 被设置成该异常模式的返回地址,对于有些模式 R14 的值可能与返回地址有一个常数的偏移量(如数据异常使用 SUB

PC，LR，#8 返回）。具体的返回方式与上面的子程序返回方式基本相同，但使用的指令稍微有些不同，以保证当异常出现时正在执行的程序的状态被完整保存。R14 也可以被用作通用寄存器使用。

3.8.3　程序状态寄存器

当前程序状态寄存器（Current Program Status Register，CPSR）可以在任何处理器模式下被访问，它包含下列内容。

①ALU（Arithmetic Logic Unit，算术逻辑单元）状态标志的备份。

②当前的处理器模式。

③中断使能标志。

④设置处理器的状态。

每一种处理器模式下都有一个专用的物理寄存器做备份程序状态寄存器（Saved Program Status Register，SPSR）。当特定的异常中断发生时，这个物理寄存器负责存放当前程序状态寄存器的内容。当异常处理程序返回时，再将其内容恢复到当前程序状态寄存器。

CPSR 寄存器（和保存它的 SPSR 寄存器）中的位分配如图 3-7 所示。

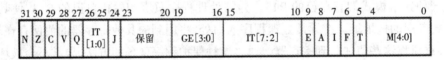

图 3-7　程序状态寄存器格式

下面给出各个状态位的定义。

1. 条件标志位

N（Negative）、Z（Zero）、C（Carry）和 V（oVerflow）通称为条件标志位。这些条件标志位会根据程序中的算术指令或逻辑指令的执行结果进行修改，而且这些条件标志位可由大多数指令检测以决定指令是否执行。

在 ARM 4T 架构中，所有的 ARM 指令都可以条件执行，而 Thumb 指令却不能。各条件标志位的具体含义如下。

（1）N

本位设置成当前指令运行结果的 bit[31] 的值。当两个由补码表示的有符号整数运算时，N＝1 表示运算的结果为负数，N＝0 表示结果为正数或零。

（2）Z

Z＝1 表示运算的结果为零，Z＝0 表示运算的结果不为零。

（3）C

下面分 4 种情况讨论 C 的设置方法。

①在加法指令中（包括比较指令 CMN），当结果产生了进位，则 C＝1，表示无符号数运算发生上溢出；其他情况下 C＝0。

②在减法指令中（包括比较指令 CMP），当运算中发生错位（即无符号数运算发生下溢

出），则 C = 0；其他情况下 C = 1。

③对于在操作数中包含移位操作的运算指令（非加 / 减法指令），C 被设置成被移位寄存器最后移出去的位。

④对于其他非加 / 减法运算指令,C 的值通常不受影响。

（4）V

下面分两种情况讨论 V 的设置方法。

①对于加 / 减运算指令,当操作数和运算结果都是以二进制的补码表示的带符号的数时,且运算结果超出了有符号运算的范围是溢出。V = 1 表示符号位溢出。

②对于非加 / 减法指令,通常不改变标志位 V 的值（具体可参照 ARM 指令手册）。 尽管以上 C 和 V 的定义看起来颇为复杂,但使用时在大多数情况下用一个简单的条件测试指令即可,不需要程序员计算出条件码的精确值即可得到需要的结果。

2. Q 标志位

在带 DSP 指令扩展的 ARM v5 及更高版本中，bit[27] 被指定用于指示增强的 DAP 指令是否发生了溢出,因此也就被称为 Q 标志位。同样,在 SPSR 中 bit[27] 也被称为 Q 标志位,用于在异常中断发生时保存和恢复 CPSR 中的 Q 标志位。

在 ARM v5 以前的版本及 ARM v5 的非 E 系列处理器中，Q 标志位没有被定义,属于待扩展的位。

3. 控制位

CPSR 的低 8 位（I、F、T 及 M[4:0]）统称为控制位。当异常发生时,这些位的值将发生相应的变化。另外,如果在特权模式下,也可以通过软件编程来修改这些位的值。

（1）中断禁止位

I = 1，IRQ 被禁止。 F = 1，FIQ 被禁止。

（2）状态控制位

T 位是处理器的状态控制位。T = 0，处理器处于 ARM 状态（即正在执行 32 位的 ARM 指令）。T = 1，处理器处于 Thumb 状态（即正在执行 16 位的 Thumb 指令）。

当然，T 位只在 T 系列的 ARM 处理器上才有效,在非 T 系列的 ARM 版本中，T 位将始终为 0。

（3）模式控制位

M[4:0] 作为位模式控制位,这些位的组合确定了处理器处于哪种状态。如表 3-3 所示列出了其具体含义。 只有表中列出的组合是有效的,其他组合无效。

表 3-3　状态控制位 M[4:0]

M[4：0]	处理器模式	可以访问的寄存器
0b10000	User	PC，R14 ～ R0，CPSR
0b10001	FIQ	PC，R14_fiq ～ R8_fiq，R7 ～ R0，CPSR，SPSR_fiq
0b10010	IRQ	PC，R14_irq ～ R13_irq，R12 ～ R0，CPSR，SPSR_irq

M[4：0]	处理器模式	可以访问的寄存器
0b10011	Supervisor	PC, R14_svc ~ R13_svc, R12 ~ R0, CPSR, SPSR_svc
0b10111	Abort	PC, R14_abt ~ R13_abt, R12 ~ R0, CPSR, SPSR_abt
0b11011	Undefined	PC, R14_und ~ R13_und, R12 ~ R0, CPSR, SPSR_und
0b11111	System	PC, R14 ~ R0, CPSR（ARM v4 及更高版本）
0b10110	Secure monitor	PC, R0-R12, CPSR, SPSR_mon, r13_mon, r14_mon

4. If-Then 标志位

CPSR 中的 bits[15:10,26:25] 称为 If-Then 标志位，它用于对 thumb 指令集中 if-then-else 这一类语句块的控制。

其中 IT[7:5] 定义为基本条件，如图 3-8 所示。IT[4:0] 被定义为 If-Then 语句块的长度。

[7:5]	[4]	[3]	[2]	[1]	[0]	
控制基础	P1	P2	P3	P4	1	4 指令IT块入口点
控制基础	P1	P2	P3	1	0	3 指令IT块入口点
控制基础	P1	P2	1	0	0	2 指令IT块入口点
控制基础	P1	1	0	0	0	1 指令IT块入口点
000	0	0	0	0	0	普通执行状态，无IT块入口点

图 3-8　If-Then 标志位 [7:5] 的定义

5. A 位 /E 位 /GE[19-16] 位的定义

A：表示异步异常禁止位。

E：表示大小端控制位，0 表示小端操作，1 表示大端操作。注意，该位在预取阶段是被忽略的。

GE[19-16]：用于表示在 SIMD 指令集中的大于、等于标志。在任何模式下该位可读可写。

第 4 章　微处理器指令系统与混合编程

ARM 指令集可以分为跳转指令、数据处理指令、程序状态寄存器传输指令、Load/Store 指令、协处理器指令和异常中断产生指令。根据使用的指令类型不同,指令的寻址方式分为数据处理指令寻址方式和内存访问指令寻址方式。

本章主要介绍 ARM 汇编语言。主要内容如下:

➢ ARM 处理器的寻址方式。

➢ ARM 处理器的指令集。

4.1　ARM 处理器的寻址方式

ARM 指令的寻址方式分为数据处理指令寻址方式和内存访问指令寻址方式。

4.1.1　数据处理指令寻址方式

数据处理指令的基本语法格式如下:

〈opcode〉{〈cond〉} {S} 〈Rd〉,〈Rn〉,〈shifter_operand〉

其中,〈shifter_operand〉有 11 种形式,如表 4-1 所示。

表 4-1　〈shifter_operand〉的寻址方式

序号	语法	寻址方式
1	#〈immediate〉	立即数寻址
2	〈Rm〉	寄存器寻址
3	〈Rm〉, LSL　#〈shift_imm〉	立即数逻辑左移
4	〈Rm〉, LSL　〈Rs〉	寄存器逻辑左移
5	〈Rm〉, LSR　#〈shift_imm〉	立即数逻辑右移
6	〈Rm〉, LSR　〈Rs〉	寄存器逻辑右移
7	〈Rm〉, ASR　#〈shift_imm〉	立即数算术右移
8	〈Rm〉, ASR　〈Rs〉	寄存器算术右移
9	〈Rm〉, ROR　#〈shift_imm〉	立即数循环右移
10	〈Rm〉, ROR　〈Rs〉	寄存器循环右移
11	〈Rm〉, RRX	寄存器扩展循环右移

数据处理指令寻址方式可以分为以下几种。

①立即数寻址方式。

②寄存器寻址方式。

③寄存器移位寻址方式。

1. 立即数寻址方式

指令中的立即数是由一个 8bit 的常数移动 4bit 偶数位（0，2，4，…，26，28，30）得到的。所以，每一条指令都包含一个 8bit 的常数 X 和移位值 Y，得到的立即数 = X 循环右移（2×Y），如图 4-1 所示。

图 4-1　立即数表示方法

下面列举了一些有效的立即数：

0xFF、0x104、0xFF0、0xFF00、0xFF000、0xFF000000、0xF000000F

下面是一些无效的立即数：

0x101、0x102、0xFF1、0xFF04、0xFF003、0xFFFFFFFF、0xF000001F

下面是一些应用立即数的指令：

```
MOV R0,#0          ;送 0 到 R0
ADD R3,R3,#1        ;R3 的值加 1
CMP R7,#1000        ;将 R7 的值和 1000 比较
BIC R9,R8,#0xFF00   ;将 R8 中 8 ～ 15 位清零,结果保存在 R9 中
```

2. 寄存器寻址方式

寄存器的值可以被直接用于数据操作指令，这种寻址方式是各类处理器经常采用的一种方式，也是一种执行效率较高的寻址方式，如：

```
MOV  R2,R0          ;R0 的值送 R2
ADD  R4,R3,R2       ;R2 加 R3,结果送 R4
CMP  R7,R8          ;比较 R7 和 R8 的值
```

3. 寄存器移位寻址方式

寄存器的值在被送到 ALU 之前，可以事先经过桶形移位寄存器的处理。预处理和移位发生在同一周期内，所以有效地使用移位寄存器，可以增加代码的执行效率。

下面是一些在指令中使用了移位操作的例子：

```
ADD R2,R0,R1,LSR #5
MOV R1,R0,LSL #2
```

```
RSB R9,R5,R5,LSL #1
SUB R1,R2,R0,LSR #4
MOV R2,R4,ROR R0
```

4.1.2　内存访问指令寻址方式

内存访问指令的寻址方式可以分为以下几种。

①字及无符号字节的 Load/Store 指令的寻址方式。

②杂类 Load/Store 指令的寻址方式。

③批量 Load/Store 指令的寻址方式。

④堆栈操作寻址方式。

⑤协处理器 Load/Store 指令的寻址方式。

1. 字及无符号字节的 Load/Store 指令的寻址方式

字及无符号字节的 Load/Store 指令语法格式如下:

LDR|STR{⟨cond⟩}{B}{T} ⟨Rd⟩,⟨addressing_mode⟩

其中,⟨addressing_mode⟩ 共有 9 种寻址方式,如表 4-2 所示。

表 4-2　字及无符合字节的 Load/Store 指令的寻址方式

序号	格式	模式
1	[Rn,#± ⟨offset_12⟩]	立即数偏移寻址
2	[Rn, ±Rm]	寄存器偏移寻址
3	[Rn, Rm, ⟨shift⟩#⟨ offset_12⟩]	带移位的寄存器偏移寻址
4	[Rn,#± ⟨ offset_12⟩]!	立即数前索引寻址
5	[Rn, ±Rm]!	寄存器前索引寻址
6	[Rn, Rm, ⟨shift⟩#⟨ offset_12⟩]!	带移位的寄存器前索引寻址
7	[Rn],#± ⟨ offset_12⟩	立即数后索引寻址
8	[Rn], ± ⟨Rm⟩	寄存器后索引寻址
9	[Rn], ± ⟨Rm⟩, ⟨shift⟩#⟨ offset_12⟩	带移位的寄存器后索引寻址

上表中,"!"表示完成数据传输后要更新基址寄存器。

2. 杂类 Load/Store 指令的寻址方式

使用该类寻址方式的指令的语法格式如下:

LDR|STR{⟨cond⟩}H|SH|SB|D ⟨Rd⟩,⟨addressing_mode⟩

使用该类寻址方式的指令包括(有符号 / 无符号)半字 Load/Store 指令、有符号字节 Load/Store 指令和双字 Load/Store 指令。该类寻址方式分为 6 种类型,如表 4-3 所示。

表 4-3　杂类 Load/Store 指令的寻址方式

序 号	格式	模式
1	[Rn,#±〈offset_8〉]	立即数偏移寻址
2	[Rn,±Rm]	寄存器偏移寻址
3	[Rn,#±〈offset_8〉]!	立即数前索引寻址
4	[Rn,±Rm]!	寄存器前索引寻址
5	[Rn],#±〈offset_8〉	立即数后索引寻址
6	[Rn],±〈Rm〉	寄存器后索引寻址

3. 批量 Load/Store 指令寻址方式

批量 Load/Store 指令将一片连续内存单元的数据加载到通用寄存器组中或将一组通用寄存器的数据存储到内存单元中。

批量 Load/Store 指令的寻址模式产生一个内存单元的地址范围,指令寄存器和内存单元的对应关系满足这样的规则,即编号低的寄存器对应于内存中低地址单元,编号高的寄存器对应于内存中的高地址单元。

该类指令的语法格式如下:

```
LDM|STM{〈cond〉}〈addressing_mode〉〈Rn〉{!},〈registers〉〈^〉
```

该类指令的寻址方式如表 4-4 所示。

表 4-4　批量 Load/Store 指令的寻址方式

序 号	格式	模式
1	IA(Increment After)	后递增方式
2	IB(Increment Before)	先递增方式
3	DA(Decrement After)	后递减方式
4	DB(Decrement Before)	先递减方式

4. 堆栈操作寻址方式

堆栈操作寻址方式和批量 Load/Store 指令寻址方式十分类似。但对于堆栈的操作,数据写入内存和从内存中读出要使用不同的寻址模式,因为进栈操作(pop)和出栈操作(push)要在不同的方向上调整堆栈。

下面详细讨论如何使用合适的寻址方式实现数据的堆栈操作。 根据不同的寻址方式,将堆栈分为以下 4 种。

① Full 栈:堆栈指针指向栈顶元素(last used location)。

② Empty 栈:堆栈指针指向第一个不可用元素(the first unused location)。

③ 递减栈:堆栈向内存地址减小的方向生长。

④ 递增栈:堆栈向内存地址增加的方向生长。

根据堆栈的不同种类，将其寻址方式分为以下 4 种。

①满递减 FD（Full Descending）。

②空递减 ED（Empty Descending）。

③满递增 FA（Full Ascending）。

④空递增 EA（Empty Ascending）。

如表 4-5 所示列出了堆栈的寻址方式和批量 Load/Store 指令寻址方式的对应关系。

表 4-5　堆栈寻址方式和批量 Load/Store 指令寻址方式的对应关系

批量数据寻址方式	堆栈寻址方式	L 位	P 位	U 位
LDMDA	LDMFA	1	0	0
LDMIA	LDMFD	1	0	1
LDMDB	LDMEA	1	1	0
LDMIB	LDMED	1	1	1
STMDA	STMED	0	0	0
STMIA	STMEA	0	0	1
STMDB	STMFD	0	1	0
STMIB	STMFA	0	1	1

5. 协处理器 Load/Store 寻址方式

协处理器 Load/Store 指令的语法格式如下：

⟨opcode⟩{⟨cond⟩}{L}⟨coproc⟩,⟨CRd⟩,⟨addressing_mode⟩

4.2　ARM 汇编语言的程序结构

4.2.1　汇编语言的程序格式

在 ARM（Thumb）汇编语言程序中可以使用 .section 来进行分段，其中每一个段用段名或者文件结尾为结束，这些段使用默认的标志，如 a 为允许段，w 为可写段，x 为执行段。在一个段中，我们可以定义下列的子段：

① .text。

② .data。

③ .bss。

④ .sdata。

⑤ .sbss。

由此我们可知道，段可以分为代码段、数据段及其他存储用的段，.text（正文段）包含程序的指令代码；.data（数据段）包含固定的数据，如常量、字符串；.bss（未初始化数据段）包含未初始化的变量、数组等,当程序较长时,可以分割为多个代码段和数据段,多个段在程序编译链接时最终形成一个可执行的映像文件。

```
.section .data
< initialized data here>
.section .bss
< uninitialized data here>
.section .text
.globl _start
```

4.2.2 汇编语言子程序调用

在 ARM 汇编语言程序中,子程序的调用一般是通过 BL 指令来实现的。在程序中,使用指令"BL 子程序名"即可完成子程序的调用。

该指令在执行时完成如下操作:将子程序的返回地址存放在连接寄存器 LR 中,同时将程序计数器 PC 指向子程序的入口点。当子程序执行完毕需要返回调用处时,只需要将存放在 LR 中的返回地址重新复制给程序计数器 PC 即可。在调用子程序的同时,也可以完成参数的传递和从子程序返回运算的结果,通常可以使用寄存器 R0 ~ R3 完成。

注意:同编译器编译的代码间的相互调用,要遵循 AAPCS(ARM Architecture)。详见 ARM 编译工具手册。

以下是使用 BL 指令调用子程序的汇编语言源程序的基本结构:

```
.text
.global _start
_start:
LDR R0,=0x3FF5000
LDR R1,0xFF
STR R1,[R0]
LDR R0,=0x3FF5008
LDR R1,0x01
STR R1,[R0]
BL PRINT_TEXT
…
PRINT_TEXT:
…
MOV PC,BL
…
```

4.2.3　过程调用标准 AAPCS

为了使不同编译器编译的程序之间能够相互调用,必须为子程序间的调用规定一定的规则。AAPCS 就是这样一个标准。所谓 AAPCS,其英文全称为 Procedure Call Standard for the ARM Architecture,即 ARM 体系结构过程调用标准。它是 ABI（Application Binary Interface）标准的一部分。

可以使用"--apcs"选项告诉编译器将源代码编译成符号 AAPCS 调用标准的目标代码。

注意:使用"--apcs"选项并不影响代码的产生,编译器只是在各段中放置相应的属性,标识用户选定的 AAPCS 属性。

（1）AAPCS 相关的编译 / 汇编选项

① none:指定输入文件不使用 AAPCS 规则。

② /interwork:指定输入文件符合 ARM/Thumb 交互标准。

③ /nointerwork:指定输入文件不能使用 ARM/Thumb 交互（这是编译器默认选项）。

④ /ropi:指定输入文件是位置无关只读文件。

⑤ /noropi:指定输入文件是非位置无关只读文件（这是编译器默认选项）。

⑥ /pic:同 /ropi。

⑦ /nopic:同 /noropi。

⑧ /rwpi:指定输入文件是位置无关可读可写文件。

⑨ /norwpi:指定输入文件是非位置无关可读可写文件。

⑩ /pid:同 /rwpi。

⑪ /nopid:同 /norwpi。

⑫ /fpic:指定输入文件编译成位置无关只读代码。代码中地址是 FPIC 地址。

⑬ /swstackcheck:编译过程中对输入文件使用堆栈检测。

⑭ /noswstackcheck:编译过程中对输入文件不使用堆栈检测（这是编译器默认选项）。

⑮ /swstna:如果汇编程序对于是否进行数据栈检查无所谓,而与该汇编程序连接的其他程序指定了选项 /swst 或选项 /noswst,这时该汇编程序使用选项 /swstna。

（2）ARM 寄存器使用规则

AAPCS 中定义了 ARM 寄存器使用规则如下。

子程序间通过寄存器 R0、R1、R2、R3 来传递参数。如果参数多于 4 个,则多出的部分用堆栈传递。被调用的子程序在返回前无须恢复寄存器 R0~R3 的内容。

在子程序中,使用寄存器 R4~R11 来保存局部变量。如果在子程序中使用到了寄存器 R4~R11 中的某些寄存器,子程序进入时必须保存这些寄存器的值,在返回前必须恢复这些寄存器的值;对于子程序中没有用到的寄存器则不必进行这些操作。在 Thumb 程序中,通常只能使用寄存器 R4~R7 来保存局部变量。

寄存器 R12 用作子程序间 scratch 寄存器（用于保存 SP,在函数返回时使用该寄存器出栈），记作 ip。在子程序间的连接代码段中常有这种使用规则。

寄存器 R13 用作数据栈指针，记作 sp。在子程序中寄存器 R13 不能用作其他用途。寄存器 sp 在进入子程序时的值和退出子程序时的值必须相等。

寄存器 R14 称为连接寄存器，记作 lr。它用于保存子程序的返回地址。如果在子程序中保存了返回地址，寄存器 R14 则可以用作其他用途。

寄存器 R15 是程序计数器，记作 pc。它不能用作其他用途。ARM 寄存器在函数调用过程中的保护规则，如图 4-2 所示。

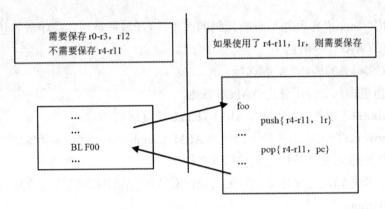

图 4-2　ARM 寄存器在函数调用中的保护规则

4.2.4　汇编语言程序设计举例

通过组合使用条件执行和条件标志设置，可简单地实现分支语句，不需要任何分支指令。这样可以改善性能，因为分支指令会占用较多的周期数；同时这样做也可以减小代码尺寸，提高代码密度。

下面是一段 C 语言程序，该程序实现了著名的 Euclid 最大公约数算法。

```
int gcd(int a, int b)
{
while (a != b)
{
if (a > b)
a = a - b;
else
b = b - a;
}
return a;
}
```

用 ARM 汇编语言来重写这个例子,如下所示。

```
Code1:
Gcd:
CMP r0, r1
BEQ end
BLT less
SUB r0, r0, r1
B gcd
Less:
SUB r1, r1, r0
B gcd
```

充分地利用条件执行修改上面的例子,得到 Code2。

```
Code2:
Gcd:
CMP r0, r1
SUBGT r0, r0, r1
SUBLT r1, r1, r0
BNE gcd
```

两段代码的比较如下。

① Code1:仅使用了分支指令。

② Code2:充分利用了 ARM 指令条件执行的特点,仅使用了 4 条指令就完成了全部算法。这对提供程序的代码密度和执行速度十分有帮助。

事实上,分支指令十分影响处理器的速度。每次执行分支指令,处理器都会排空流水线,重新装载指令。

4.3　混合编程

在 C 代码中实现汇编语言的方法有内联汇编和内嵌汇编两种,使用它们可以在 C 程序中实现 C 语言不能完成的一些工作。例如,在下面几种情况中必须使用内联汇编或嵌入型汇编。

4.3.1　GNU ARM 内联汇编

1. 内联汇编语法
本小节简单介绍 GNU 风格的 ARM 内联汇编语法要点。

（1）格式

格式如下：

> asm volatile ("asm code": output: input: changed);

必须以";"结尾，不管有多长，对于 C 语言来说都只是一条语句。如果后面部分没有内容，"："可以省略，前面或中间的"："不能省略，没有 asm code 也不可以省略""""，没有 changed 必须省略"："。

（2）asm 内嵌汇编关键字

volatile：告诉编译器不要优化内嵌汇编，如果想优化可以不加。

（3）ANSI C 规范的关键字

ANSI C 规范的关键字如下。

> _ _ asm _ _
> _ _ volatile _ _ // 前面和后面都有两个下划线，它们之间没有空格

2. 汇编代码

汇编必须放在一个字符串内，但是字符串中间是不能直接按回车键换行的，可以写成多个字符串，只要字符串之间不加任何符号编译完后就会变成一个字符串。

> "mov r0,r0\n\t" // 指令之间必须要换行，\t 可以不加，只是为了在汇编文件中的指令格式对齐
> "mov r1,r1\n\t"
> "mov r2,r2"

字符串内不是只能放指令，可以放一些标签、变量、循环、宏等，还可以把内嵌汇编放在 C 函数外面，用内嵌汇编定义函数、变量、段等，总之就跟直接在写汇编文件一样在 C 函数外面定义内嵌汇编时不能加 volatile: output: input: changed。

注意：编译器不检查 asm code 的内容是否合法，直接交给汇编器。

3.output(ASM --> C)和 input(C --> ASM)

（1）指定输出值

> _ _ asm _ _ volatile _ _ (
> "asm code"
> :"constraint"（variable）_ _
>);

① constraint 定义 variable 的存放位置。

r：使用任何可用的通用寄存器

m：使用变量的内存地址

② output 修饰符。

+：可读可写

=：只写

&：该输出操作数不能使用输入部分使用过的寄存器，只能 +& 或 =& 方式使用

（2）指定输入值

```
_ _asm _ _ volatile _ _ (
"asm code"
:
:"constraint"（variable / immediate）
);
constraint 定义 variable / immediate 的存放位置：
r：使用任何可用的通用寄存器（变量和立即数都可以）
m：使用变量的内存地址（不能用立即数）
i：使用立即数（不能用变量）
```

（3）使用占位符

```
int a = 100,b = 200;
int result;
_ _ asm _ _ volatile _ _ (
"mov %0,%3\n\t" //mov r3,#123 %0 代表 result,%3 代表 123（编译器会自动加 # 号）
"ldr r0,%1\n\t" //ldr r0,[fp, #-12] %1 代表 a 的地址
"ldr r1,%2\n\t" //ldr r1,[fp, #-16] %2 代表 b 的地址
"str r0,%2\n\t"/*str r0,[fp, #-16] 因为 %1 和 %2 是地址所以只能用 ldr 或 str 指令 */
"str r1,%1\n\t"
/*str r1,[fp, #-12] 如果用错指令编译时不会报错,要到汇编时才会报错 */
:"=r"(result),"+m"(a),"+m"(b) /*out1 是 %0,out2 是 %1,...,outN 是 %N-1*/
:"i"(123) s /*in1 是 %N,in2 是 %N+1,...*/);
```

（4）引用占位符

```
int num = 100;
_ _ asm _ _ volatile _ _ (
```

```
"add %0,%1,#100\n\t"
: "=r"(a)
: "0"(a) // "0" 是零，即 %0，引用时不可以加 %，只能 input 引用 output);
// 引用是为了更能分清输出输入部分
```

（5）& 修饰符

```
int num;
__ asm __ volatile __ ( //mov r3, #123 // 编译器自动加的指令
"mov %0,%1\n\t" //mov r3,r3 // 输入和输出使用相同的寄存器
: "=r"(num)
: "r"(123)
);
int num;
__ asm __ volatile __ (
//mov r3, #123
"mov %0,%1\n\t" //mov r2,r3 // 加了 & 后输入和输出的寄存器不一样了
- 83 -
: "=&r"(num) //mov r3, r2 // 编译器自动加的指令
: "r"(123)
);
```

4. 内联汇编示例

下面通过一个例子进一步了解内联汇编的语法。该例子实现了位交换。

```
#include <stdio.h>
unsigned long ByteSwap(unsigned long val)
{
int ch;
asm volatile (
"eor r3, %1, %1, ror #16\n\t"
"bic r3, r3, #0x00FF0000\n\t"
"mov %0, %1, ror #8\n\t"
"eor %0, %0, r3, lsr #8"
: "=r" (val)
: "0"(val)
: "r3"
```

```
);
}
int main(void)
{
unsigned long test_a = 0x1234,result;
result = ByteSwap(test_a);
printf("Result:%d\r\n", result);
return 0;
}
```

4.3.2　混合编程调用举例

汇编程序、C 程序相互调用时,要特别注意遵守相应的 AAPCS 规则。下面一些例子具体说明了在这些混合调用中应注意遵守的 AAPCS 规则。

1. 从 C 程序调用汇编语言

下面的程序显示了如何在 C 程序中调用汇编语言子程序,该段代码实现了将一个字符串复制到另一个字符串。

```
#include <stdio.h>
extern void strcopy(char *d, const char *s);
int main()
{
const char *srcstr = "First string - source ";
char dststr[] = "Second string - destination ";
/* 下面将 dststr 作为数组进行操作 */
printf("Before copying:\n");
printf(" %s\n %s\n",srcstr,dststr);
strcopy(dststr,srcstr);
printf("After copying:\n");
printf(" %s\n %s\n",srcstr,dststr);
return(0);
}
```

下面为调用的汇编程序。

```
.global strcopy
strcopy:                ;R0 指向目的字符串
;R1 指向源字符串
```

```
LDRB R2, [R1],#1        ;加载字节并更新源字符串指针地址
STRB R2, [R0],#1        ;存储字节并更新目的字符串指针地址
CMP R2, #0              ;判断是否为字符串结尾
BNE strcopy             ;如果不是,程序跳转到 strcopy 继续复制
MOV pc,lr               ;程序返回
```

2. 从汇编语言调用 C 程序

下面的例子显示了如何从汇编语言调用 C 程序。下面的子程序段定义了 C 语言函数。

```c
int g(int a, int b, int c, int d, int e)
{
return a + b + c + d + e;
}
```

下面的程序段显示了汇编语言调用。假设程序进入 f 时,R0 中的值为 i。

```
; int f(int i) { return g(i, 2*i, 3*i, 4*i, 5*i); }
.text
.global _start
_start:
STR lr, [sp, #-4]!    // 保存返回地址 lr
ADD R1, R0, R0        // 计算 2*i( 第 2 个参数 )
ADD R2, R1, R0        // 计算 3*i( 第 3 个参数 )
ADD R3, R1, R2        // 计算 5*i
STR R3, [sp, #-4]!    // 第 5 个参数通过堆栈传递
ADD R3, R1, R1        // 计算 4*i( 第 4 个参数 )
BL g                  // 调用 C 程序
ADD sp, sp, #4        // 从堆栈中删除第 5 个参数
LDR pc, [sp], #4      // 返回
```

第 5 章　ARM 硬件开发平台概述

5.1　Cortex-A53 处理器概述

Cortex 系列处理器是基于 ARM v7 架构的,分为 Cortex-M、Cortex-R 和 Cortex-A 三类。由于应用领域的不同,基于 v7 架构的 Cortex 处理器系列所采用的技术也不相同。基于 v7A 的称为“Cortex-A”系列。Cortex-A 系列处理器是一系列处理器,支持 ARM32 或 64 位指令集,向后完全兼容早期的 ARM 处理器,包括 ARM7TDMI 处理器及 ARM11 处理器系列。Cortex-A15、Cortex-A9、Cortex-A8 处理器以及高效的 Cortex-A7 和 Cortex-A5 处理器均共享同一体系结构,因此具有完整的应用兼容性,支持传统的 ARM、Thumb 指令集和新增的高性能紧凑型 Thumb-2 指令集。

ARM v7 包括 3 个关键要素:NEON 单指令多数据(SIMD)单元、ARMtrustZone 安全扩展,以及 thumb2 指令集,通过 16 位和 32 位混合长度指令以减小代码长度。

Cortex-A 系列分为高性能、低功耗和超低功耗 3 类:高性能系列的代表是 ARM 的大核构架 A57 和 A72(还有在慢慢退市的 A15 和 A17);低功耗系列的代表是高效能比的 A53,根据需求,它可以以多核或者 big.LITTLE 大小核的形式工作;而超低功耗系列,在 A5 和 A7 之后,现在新增了 A35。

ARM Cortex-A53 是采用 ARM 设计的 ARM v8-A 64 位指令集的微体系结构。能够作为一个独立的主应用处理器独立运作或者作为协处理器与其他核心整合为 ARM big. LITTLE 处理器架构,以结合高性能与高功耗效率的特点。可以与包括 Cortex-A57、Cortex-A72,其他 Cortex-A53 和 Cortex-A35 处理器在内的任何 Arm v8.0 核心配对部署,形成 big.LITTLE 架构配置。

Cortex-A53 处理器支持多核,是采用 AMBA 4 技术的多个一致的 SMP 处理器集群,单个处理器内集成了 1~4 个对称处理器内核,每个内核都有一个 L1 内存系统和一个共享 L2 缓存。Cortex-A53 可以在两种执行状态下执行:AArch32 和 AArch64。AArch64 状态赋予 Cortex-A53 执行 64 位应用程序的能力,而 AArch32 状态允许处理器执行现有的 ARM v7-A 应用程序。AArch32 完全向后兼容 ARM v7,AArch64 支持 64 位和新的架构功能,支持 DSP 和 SIMD 扩展,支持 VFP v4 浮点运算,支持硬件虚拟化。

最低功耗的 ARM v8 处理器,能够无缝支持 32 和 64 位代码,是世界上能效最高、面积最小的 64 位处理器,使用高效的 8-stage 顺序管道和提升的获取数据技术性能平衡。

Cortex-A53 提供比 Cortex-A7 更高的性能,并能作为一个独立的应用处理器或在 big.LITTLE 配置下,搭配 Cortex-A57 处理器,达到最优性能、可伸缩性和能效,如图 5-1 所示。

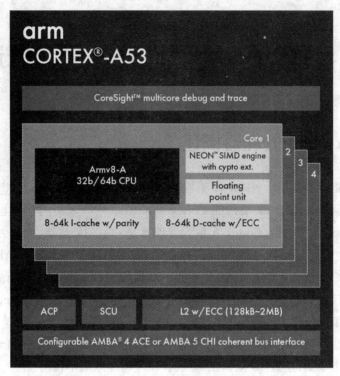

图 5-1　Cortex-A53 处理器

5.2　S5P6818 应用处理器

S5P6818 是基于 64 位 RISC 处理器的 SOC（片上系统），S5P6818 应用处理器外图观如图 5-2 所示，特别适用于平板电脑和智能手机应用。采用 28 nm 低功耗工艺设计，S5P6818 的功能包括以下几方面。

①Cortex-A53 八核心 CPU。

②更高的内存带宽。

③全高清显示。

④ 1080p 60 帧视频解码和 1080p 30 帧视频编码硬件。

⑤ 3D 图形硬件。

⑥高速接口，如 Emmc 4.5 和 USB 2.0。

S5P6818 使用基于 ARM v8-A 架构的 Cortex-A53 八核内核，为 AArch32 执行状态下的 ARM v7 32 位代码提供更高的性能，并支持 AArch64 执行中的 64 位数据和更大的虚拟寻址空间。它为大流量操作（如 1080p 视频编码和解码、3D 图形显示和全高清显示的高分辨率图像信号处理）提供了 6.4 GB/s 的存储带宽。支持动态虚拟地址映射，帮助软件工程师轻松充分利用内存资源。

S5P6818 提供最佳的 3D 图形性能，并具有多种 API，如 OpenGL ES1.1、2.0. Superior 3D 性能完全支持全高清显示。 特别得要的是，本机双显示器可同时支持主 LCD 显示器的全高清分辨率和全高清 1080p 60 帧 HDTV 显示器,独立的后处理流水线使 S5P6818 能够实现真正的显示场景。

图 5-2　S5P6818 应用处理器

5.2.1　特性

① 28 nm 高 K 金属栅格工艺技术。

② 537 引脚 FCBGA 封装,0.65 nm 球距,17×17 mm 主体尺寸。

③ Cortex-A53 八核 CPU,主频超过 1.4 GHz。

④高性能 3D 图形加速器。

⑤全高清多格式视频编解码器。

⑥支持各种内存。

● LPDDR2/3。

● LVDDR3(低电压 DDR3),DDR3。

⑦支持硬连线 ECC 算法(4/8/12/16/24/40/60 位)的 MLC / SLC NAND Flash。

⑧支持最高 1920×1080,TFT-LCD,LVDS,HDMI 1.4a,MIPI-DSI 和 CVBS 输出的双显示器。

⑨支持 3 通道 ITUR.BT 656 并行视频接口和 MIPI-CSI 接口。

⑩支持 10/100/1000 M 以太网 MAC(RGMII I / F)。

⑪ 支持 3 通道 SD/MMC, 6 通道 UART, 32 通道 DMA, 4 通道定时器,中断控制器,RTC。

⑫ 支持 3 通道 I2S,SPDIF Rx/Tx,3 通道 I2C,3 通道 SPI,3 通道 PWM,1 通道 PPM 和 GPIO。

⑬ 支持 CVBS 的 8 通道 12 位 ADC 和 1 通道 10 位 DAC。

⑭ 支持 MPEG-TS 串行 / 并行接口和 MPEG-TS 硬件解析器。

⑮ 支持 1 路 USB 2.0 主机, 1 路 USB 2.0 OTG, 1 路 USB HSIC 主机。

⑯ 支持安全功能（AES, DES / TDES, SHA-1, MD5 和 PRNG）和安全 JTAG。

⑰ 支持 ARM TrustZone 技术。

⑱ 支持各种电源模式（正常, 睡眠, 停止）。

⑲ 支持各种引导模式, 包括 NAND（带有 ECC 检测和校正）, SPI Flash / EEPROM。

⑳ NOR, SD（eMMC）, USB 和 UART。

5.2.2　框图

图 5-3 显示了 S5P6818 应用处理器的结构。

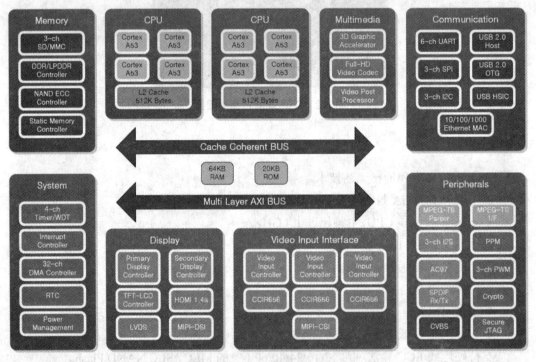

图 5-3　S5P6818 应用处理器结构

5.3　OURS-S5P6818 实验平台简介

OURS-S5P6818 实验平台采用核心板加底板的硬件结构, 以三星高性能 64 位八核嵌入式 S5P6818 应用处理器作为主控制器, ARM Cortex-A53 核心, ARM v8-A 架构, 1.4 GHz 主频, 64/32 位内部总线结构, 32 KB 的一级数据缓存, 32 KB 的一级指令缓存, 1 MB 的共享二级缓存, 内嵌矢量浮点处理器 VFP, 可以实现 2760 DMIPS（每秒运算 27 亿 6 千万条指令）的高性能运算能力。如图 5-4 所示。内建 MFC 多格式编解码系统, 支持 MPEG-1/2/4、H.263、H.264、MJPEG 等格式视频的编解码, 最大支持 60 帧 / 秒 1080p 硬件视频解码, 30 帧 / 秒 1080p 硬件视频编码。内建高性能 3D 图形加速器及 Mali-400 MP4 专业 GPU 处理器,最大支持 8192×8192 分辨率,支持多屏异显,卓越的多媒体处理能力。丰富的功能接口,可扩展的功能模块,以供更多的应用,将极大地推动学生的创新思维能力。

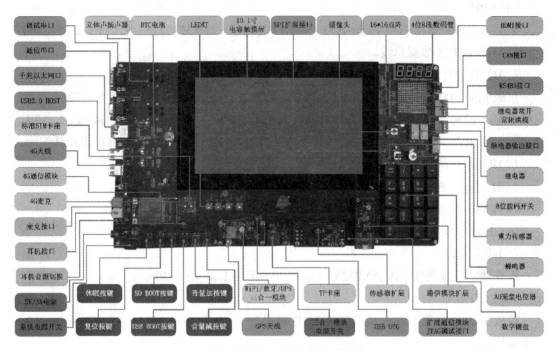

图 5-4　OURS-S5P6818 实验平台

5.3.1　处理器

表 5-1 列出了 OURS-S5P6818 实验平台的品牌信息和参数。

表 5-1　OURS-S5P6818 实验平台参数

	S5P6818
品牌	三星
工艺	28 nm
架构	Cortex-A53
核心	八核
频率	1.4 GHz+
GPU	Mali-400 MP4
内存	2 GB DDR3
存储	16 GB Emmc
视频接口	RGB/MIPI/LVDS;HDMI1.4 1080P@30FPS
以太网	10/100/1000 M
最大显示分辨率	2048×1280

5.3.2　硬件配置

（1）CPU

采用三星 S5P6818 八核 Corte-A53 1.4 GHz 处理器，32 KB I/D 缓存；1 MB 二级共享缓存；933 MHz DDR3 数据总线。

（2）GPU

集成 Mali-400 高性能图形引擎，内嵌 3D 图形处理加速引擎，支持 3D 图形流畅运行，支持 2048×1280 高分辨率显示；支持 H.263、H.264、MPEG1、MPEG2、MPEG4、VC1、VP8、Theora、AVS、RV8/9/10、MJPEG 多媒体解码；支持 H.263、H.264、MPEG4、MJPEG 多媒体编码。

（3）RAM 存储

2 GB 内存单通道 32 bit 数据总线 DDR3。

（4）Flash 存储

16 GB 固态硬盘高速 eMMC4.5 存储。

（5）电源管理

板载独立电源变频管理 AXP228 芯片，待机功耗 0.1 W，小于 20 mA。

（6）LCD 显示

板载 10.1 寸真彩 LVDS 接口 TFT LCD 液晶显示屏，分辨率 1024×600，带 Android 标准虚拟按键。

（7）LCD 接口

板载 MIPI、LVDS、RGB 等多种显示接口，支持 RGB/LVDS/MIPI/HDMI 显示；24 位色 RGB 通道，最大分辩率 2048×1280 或可扩展 32 路 GPIO 口。

（8）触摸屏

10.1 寸一体式多点触控电容触摸屏；支持按下触发及抬起触发，支持 XY 轴反转，支持旋转，支持自适应 LCD 屏。

（9）HDMI 接口

板载 HDMI 1.4a 接口，最高 1920×1080 30 帧 / 秒高清数字输出；支持 LCD 及 HDMI 多屏异显。

（10）摄像头

板载 1 路 MIPI CSI 高清图像采集传感器接口，板载 1 路 YUV BT656 格式 Camera 接口；板载 500 W 像素自动对焦 OV5645 高清摄像头。

（11）数码管显示

板载 4 个 8 段共阴数码管。

（12）LED 点阵显示

板载 1 个 16×16 LED 点阵。

（13）以太网通信

板载千兆以太网控制器，1 个 10 M/100 M/1000 M 自适应千兆以太网 RJ45 接口。

（14）UART

系统 6 路 UART，2 路 RS232 DB9 接口。

（15）USB Host

板载 4 路 USB HOST 2.0 高速接口，支持 USB 鼠标、键盘、蓝牙、U 盘、摄像头及无线网卡等。

（16）USB OTG

系统板载 1 路 USB OTG 2.0，Mini USB A-B 接口；支持 USB 烧录，支持 USB 同步数据。

（17）SD/MMC 接口

一个高速 MicroSD 卡（TF）接口，支持 SD 卡存储，支持 SD/SDIO/SDHC，支持一键 SD 启动，支持 SD 烧录更新系统，最大支持 64 GB 存储。

（18）CAN 总线

板载 SPI 接口 CAN 控制器，1 路 CAN 接口，完全支持 CAN V2.0B 技术规范。

（19）RS485 总线

板载 1 路 RS485 接口，支持标准 RS485 通信。

（20）RTC

板载独立 RTC 单元，板载 RTC 电池。

（21）SPI 总线接口

内置 3 路 SPI 总线，支持 8 位 /16 位 /32 位总线接口，主机模式最高频率 50 MHz，从机模式最高 8 MHz，板载 SPI 器件，1 路 SPI 总线接口引出。

（22）音频接口

板载基于 I2S 接口的 WM8960 音频处理器，3.5 立体声耳机输入、耳机输出插孔，支持插拔检测，支持 -42 dB 高灵敏度麦克风输入，板载 4G 麦克风咪头。

（23）喇叭

板载 2 路 8 欧 1W classD 类喇叭输出。

（24）蜂鸣器

板载 1 个蜂鸣器。

（25）I2C 总线

系统内置 3 个多主器件 I2C 总线接口，1 路 I2C 接口引出。

（26）数字键盘

板载 1 个标准数字键盘，采用工业键盘。

（27）功能按键

板载 1 个 PWR 休眠按键，1 个 RESET 复位按键，1 个 SD-BOOT 启动选择按键，1 个 USB-BOOT 启动选择按键，1 个 VOL+ 音量加按键，1 个 VOL- 音量减按键。

（28）ADC 总线

1 路 16 位 8 通道 AD，1 路电池电量检测通道，1 路电位器模拟 ADC 输入。

（29）LED 显示

板载 4 个高亮度独立 LED 指示灯。

（30）Android 按键

3 个 Android 标准虚拟按键。

（31）重力传感器

板载 1 个 BM250 G-Sensor 重力传感器，可实现自动感应屏幕旋转、重力感应应用等。

（32）PWM

内置 5 路 32 位 PWM，独立 PWM 时钟发生器及定时器。

（33）继电器控制

板载 2 个继电器模块，支持常开常闭切换，4 路继电器输出接口。

（34）拨码开关输入

板载 1 个 8 位拨码开关。

（35）4G 通信

板载 Mini-PCIE 接口，可扩展 4G 通信模块，板载 SIM 卡座，支持移动、联通、电信网络，内置网络协议栈，可进行 4G 数据通信以及语音通话，SMA 天线引出。

（36）无线通信

板载 WiFi+ 蓝牙 4.0+GPS 三合一模块，支持 WIFI 通信，符合 IEEE 802.11b/g/n 标准，内置 TCP/IP 协议栈，支持蓝牙通信，支持蓝牙 4.0 功能；支持 GPS 全球定位，独立 GPS 延长天线；支持 WiFi+LAN+4G 无缝联网。

（37）Zigbee 通信模块

板载 32 位 ARM 内核 SOC 控制器 CC2538 Zigbee 通信模块，内部集成 ARM Cortex M3 处理器和 2.4 GHz 射频单元，板载 RFX2401 功率放大器，+22 dBm 功率输出；集成低噪声放大器；板载 PCB 天线及外接 IPX 天线座，遵循 Zigbee 协议规范，内置 Z-Stack 协议栈，实现 Zigbee 自组网，支持星状网、MESH 网，内置一个系统复位按键，内置 USB 转串算法。

（38）Zigbee 通信节点

采用 TI CC2538，ARM Cortex M3 处理器，32 MHz 主频，遵循 Zigbee 协议规范，内置 Z-Stack 协议栈，可实现 Zigbee 自组网，支持星状网、MESH 网。集成 RFX2401C 功率放大器 +22 dBm 输出功率；集成低噪声放大器，板载三个单色 LED 指示灯，板载两个功能按键一个复位按键。板载 IPX 外接天线底座，板载 PCB 天线。板载段式 LCD 屏、板载 3 个 RGB LED 指示灯、板载四个扩展功能按键、板载 1 个 JoyStick 摇杆按键、板载 CH340 USB 转串口模块；板载 2 组 2×20 管脚 IO 接口，包含 ADC、I2C、SPI、UART 等总线的扩展接口，可扩展传感器模块及其他模块。

（39）扩展接口

板载 2×40 pin 无线通信模块接口，可以扩展 Zigbee、WIFI、蓝牙、EnOcean 无线无源等通信模块。

（40）传感器

板载数字温湿度传感器,采用 I2C 总线通信,内置 ID 身份识别系统,板载存储器存储模块 ID,高精度数字输出,湿度检测范围 0% RH ～ 100% RH,精度 ±4.5 %RH,温度监测范围 0 ℃～ 50 ℃精度 ±0.5 ℃,湿度漂移≤ 0.5%RH/ 年,温度漂移≤ 0.04℃ / 年,湿度响应时间 3 s,温度响应时间 3~20 s。

（41）传感器接口

板载 20PIN 传感器扩展接口,I2C、ADC、UART、GPIO 接口引出,可外扩各种数字、模拟、串口、IO 类型传感器。

（42）系统

支持裸机系统、Android 系统、Linux+QT 系统、Ubuntu 系统。

5.3.3　核心板

核心板外观如图 5-5、图 5-6 所示。

核心板硬件规格如表 5-2 所示。

核心板引脚定义如表 5-3 所示。

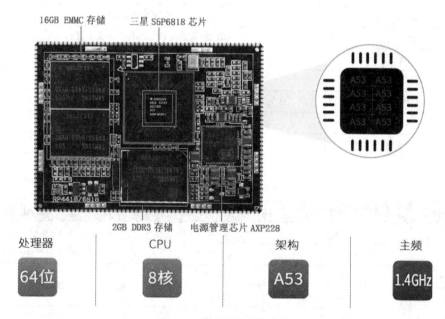

图 5-5　核心板外观及参数

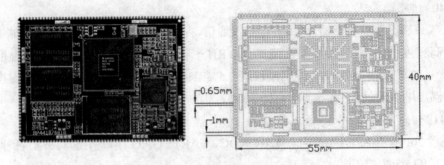

图 5-6　核心板外观及尺寸图

表 5-2　核心板硬件规格

尺寸	55×40 mm
高度	2.8 mm
工艺	8 层板, 沉金工艺
CPU	三星 S5P6818, Octa Cortex-A53, 主频为 200 MHz~1400 MHz
内存	2 GB 32 位数据总线 DDR3, 主频最高 933 MHz
存储	16 GB EMMC4.5
PMU	AXP228 电源变频管理, 待机电流小于 15 mA
GPU	Mali-400 MP4
引脚扩展	引出脚多达 182 PIN
温度范围	−20℃到 70℃
工作电压	5 V（推荐使用标配 5 V/3 A 电源线）
系统支持	裸机、Android、Ubuntu、Linux+QT

表 5-3　核心板引脚定义

引脚编号	引脚名称	输入 / 输出	说明
1	VSYS_IN	IN	电源输入 3.4 V 至 5.5 V
2	VSYS_IN	IN	功能一样的引脚有 2 个
3	GND	IN-OUT	接地
4	GND	IN-OUT	
5	GPIOC24	IN-OUT	GPIO 控制口
6	GPIOC17	IN-OUT	GPIO 控制口
7	OUT-3V3-1A	OUT	可外供电 3.3 V 负载 1 A
8	VDD_RTC	IN	RTC 时钟保存电源输入 1.8 V 至 3 V
9	LCD_CLK	OUT	LCD 时钟

续表

引脚编号	引脚名称	输入／输出	说明
10	R0	OUT	
11	R1	OUT	
12	R2	OUT	
13	R3	OUT	
14	R4	OUT	
15	R5	OUT	
16	R6	OUT	
17	R7	OUT	
18	G0	OUT	
19	G1	OUT	LCD 数据通道（可复用 GPIO）
20	G2	OUT	
21	G3	OUT	
22	G4	OUT	
23	G5	OUT	
24	G6	OUT	
25	G7	OUT	
26	B0	OUT	
27	B1	OUT	
28	B2	OUT	
29	B3	OUT	
30	B4	OUT	
31	B5	OUT	LCD 数据通道（可复用 GPIO）
32	B6	OUT	
33	B7	OUT	
34	HSYNC	OUT	LCD 数据行（可复用 GPIO）
35	VSYNC	OUT	LCD 数据场（可复用 GPIO）
36	DE	OUT	LCD 数据模式（可复用 GPIO）
37	GPIOC8	IN-OUT	GPIO 控制口
38	PWM0	OUT	PMW 定时器
39	SDA1	IN-OUT	I2C 通道 1 数据信号
40	SCL1	OUT	I2C 通道 1 时钟信号
41	GPIOB26	IN-OUT	GPIO 控制口
42	GPIOC14	IN-OUT	GPIO 控制口
43	LVDS_CLKP	OUT	LVDS 时钟正
44	LVDS_CLKN	OUT	LVDS 时钟负
45	LVDS_Y0P	OUT	LVDS 数据通道 0 正

引脚编号	引脚名称	输入 / 输出	说明
46	LVDS_Y0N	OUT	LVDS 数据通道 0 负
47	LVDS_Y1P	OUT	LVDS 数据通道 1 正
48	LVDS_Y1N	OUT	LVDS 数据通道 1 负
49	LVDS_Y2P	OUT	LVDS 数据通道 2 正
50	LVDS_Y2N	OUT	LVDS 数据通道 2 负
51	LVDS_Y3P	OUT	LVDS 数据通道 3 正
52	LVDS_Y3N	OUT	LVDS 数据通道 3 负
53	LCD_MIPI_CLKP	OUT	MIPI 时钟正
54	LCD_MIPI_CLKN	OUT	MIPI 时钟负
55	LCD_MIPI_DP0	OUT	MIPI 数据通道 0 正
56	LCD_MIPI_DN0	OUT	MIPI 数据通道 0 负
57	LCD_MIPI_DP1	OUT	MIPI 数据通道 1 正
58	LCD_MIPI_DN1	OUT	MIPI 数据通道 1 负
59	LCD_MIPI_DP2	OUT	MIPI 数据通道 2 正
60	LCD_MIPI_DN2	OUT	MIPI 数据通道 2 负
61	LCD_MIPI_DP3	OUT	MIPI 数据通道 3 正
62	LCD_MIPI_DN3	OUT	MIPI 数据通道 3 负
63	SD0_CD	IN	TF 卡检测脚
64	SD0_D1	IN-OUT	SD 通道 0 数据 1
65	SD0_D0	IN-OUT	SD 通道 0 数据 0
66	SD0_CLK	OUT	SD 通道 0 时钟
67	SD0_CMD	IN-OUT	SD 通道 0 使能
68	SD0_D3	IN-OUT	SD 通道 0 数据 3
69	SD0_D2	IN-OUT	SD 通道 0 数据 2
70	SD1_D1	IN-OUT	SD 通道 1 数据 1
71	SD1_D0	IN-OUT	SD 通道 1 数据 0
72	SD1_CLK	OUT	SD 通道 1 时钟
73	SD1_CMD	IN-OUT	SD 通道 1 使能
74	SD1_D3	IN-OUT	SD 通道 1 数据 3
75	SD1_D2	IN-OUT	SD 通道 1 数据 2
76	TXD1	OUT	TTL 串口通道 1 发送
77	RXD1	IN	TTL 串口通道 1 接收
78	RTS1	OUT	TTL 串口通道 1 发送数据请求
79	CTS1	OUT	TTL 串口通道 1 清除数据
80	SDA2	IN-OUT	I2C 通道 2 数据信号
81	SCL2	OUT	I2C 通道 2 时钟信号

续表

引脚编号	引脚名称	输入 / 输出	说明
82	GPIOB25	IN-OUT	GPIO 控制口
83	GPIO3	IN-OUT	GPIO 控制口
84	VDD33_WIFI	OUT	WIFI 电源 3.3 V 输出
85	ADC0	IN	模拟 ADC0 通道 支持 0~1.8 V
86	TXD2	OUT	TTL 串口通道 2 发送
87	RXD2	IN	TTL 串口通道 2 接收
88	TXD3	OUT	TTL 串口通道 3 发送
89	RXD3	IN	TTL 串口通道 3 接收
90	USB_BOOT	IN	USB 启动方式
91	SD_BOOT	IN	SD 卡启动方式
92	KEY_RST	IN	复位键
93	KEY_PWR	IN	开机键
94	GPIOB30	IN-OUT	GPIO 控制口
95	GPIOB31	IN-OUT	GPIO 控制口
96	GPIO5	IN-OUT	GPIO 控制口
97	SPICLK0	OUT	SPI0 通道时钟（可复用 GPIO）
98	SPICS0	OUT	SPI0 片选（可复用 GPIO）
99	SPITX0	OUT	SPI0 发送（可复用 GPIO）
100	SPIRX0	IN	SPI0 发送（可复用 GPIO）
101	SPICLK2	OUT	SPI2 通道时钟（可复用 GPIO）
102	SPICS2	OUT	SPI2 片选（可复用 GPIO）
103	SPITX2	OUT	SPI2 发送（可复用 GPIO）
104	SPIRX2	IN	SPI2 接收（可复用 GPIO）
105	MIPI_DN0	IN	摄像头 MIPI0 数据负
106	MIPI_DP0	IN	摄像头 MIPI0 数据正
107	MIPI_DN1	IN	摄像头 MIPI1 数据负
108	MIPI_DP1	IN	摄像头 MIPI1 数据正
109	MIPI_CKN	IN	摄像头 MIPI0 时钟负
110	MIPI_CKP	IN	摄像头 MIPI0 时钟正
111	MIPI_DN2	IN	摄像头 MIPI2 数据负
112	MIPI_DP2	IN	摄像头 MIPI2 数据正
113	MIPI_DN3	IN	摄像头 MIPI3 数据负
114	MIPI_DP3	IN	摄像头 MIPI3 数据正
115	CAM0_D2	IN	YUV 摄像头数据 2（可复用 GPIO）
116	CAM0_D1	IN	YUV 摄像头数据 1（可复用 GPIO）
117	CAM0_D3	IN	YUV 摄像头数据 3（可复用 GPIO）

引脚编号	引脚名称	输入/输出	说明
118	CAM0_D0	IN	YUV 摄像头数据 0（可复用 GPIO）
119	CAM0_D4	IN	YUV 摄像头数据 4（可复用 GPIO）
120	CAM0_PCLK	IN	YUV 摄像头时钟输入（可复用 GPIO）
121	CAM0_D5	IN	YUV 摄像头数据 5（可复用 GPIO）
122	CAM0_D6	IN	YUV 摄像头数据 6（可复用 GPIO）
123	CAM_MCLK	OUT	YUV 摄像头时钟输出（可复用 GPIO）
124	CAM0_D7	IN	YUV 摄像头数据 7（可复用 GPIO）
125	CAM_2V8	OUT	摄像头电源 2.8 V
126	CAM_1V8	OUT	摄像头电源 1.8 V
127	GND	IN-OUT	接地
128	CAM0_HS	IN	YUV 摄像头行信号
129	GPIOA28	IN-OUT	GPIO 控制口
130	GPIOB24	IN-OUT	GPIO 控制口
131	CAM0_VS	IN	YUV 摄像头场信号
132	GPIOB9	IN-OUT	GPIO 控制口
133	OTG_PWR	OUT	VBUS 5 V 使能脚
134	VBUS	OUT	VBUS 电源
135	OTG_DN	IN-OUT	USB 数据负
136	OTG_DP	IN-OUT	USB 数据正
137	ID	IN	主从模式检测
138	HDMI_HPD	IN	HDMI 检测
139	HDMI_CEC	IN	HDMI 检测
140	HDMI_TXCN	OUT	HDMI 时钟负
141	HDMI_TXCP	OUT	HDMI 时钟正
142	HDMI_TX0N	OUT	HDMI 数据 0 负
143	HDMI_TX0P	OUT	HDMI 数据 0 正
144	HDMI_TX1N	OUT	HDMI 数据 1 负
145	HDMI_TX1P	OUT	HDMI 数据 1 正
146	HDMI_TX2N	OUT	HDMI 数据 2 负
147	HDMI_TX2P	OUT	HDMI 数据 2 正
148	GND	IN-OUT	接地
149	HOST_DP	IN-OUT	USB 数据正
150	HOST_DN	IN-OUT	USB 数据负
151	GPIO8	IN-OUT	GPIO 控制口
152	SDA0	IN-OUT	I2C 通道 0 数据信号
153	SCL0	OUT	I2C 通道 0 时钟信号

续表

引脚编号	引脚名称	输入 / 输出	说明
154	I2S_IN	IN	I2S 数据输入
155	GPIOC4	IN-OUT	GPIO 控制口
156	I2S_OUT	OUT	I2S 数据输出
157	I2S_LRCK	IN	I2S 时钟输入
158	I2S_BCK	IN	I2S 时钟输入
159	I2S_MCLK	OUT	I2S 主时钟输出
160	GPIOB27	IN-OUT	GPIO 控制口
161	GND	IN-OUT	接地
162	GMAC_MDIO	IN-OUT	
163	GMAC_MDIO	IN-OUT	
164	PHY_NRST	IN-OUT	
165	GMAC_TXEN	IN-OUT	
166	GMAC_TXD3	IN-OUT	
167	GMAC_TXD2	IN-OUT	以太网 PHY 接口（可复用 GPIO）
168	GMAC_TXD1	IN-OUT	
169	GMAC_TXD0	IN-OUT	
170	GMAC_TXCLK	IN-OUT	
171	PHY_INT	IN	
172	GMAC_RXCLK	IN-OUT	
173	GMAC_RXD3	IN-OUT	
174	GMAC_RXD2	IN-OUT	
175	GMAC_RXD1	IN-OUT	以太网 PHY 接口（可复用 GPIO）
176	GMAC_RXD0	IN-OUT	
177	GMAC_RXDV	IN-OUT	
178	GND	IN-OUT	接地
179	TXD0	OUT	TTL 串口通道 0 发送
180	RXD0	IN	TTL 串口通道 0 接收
181	TXD4	OUT	TTL 串口通道 4 发送
182	RXD4	IN	TTL 串口通道 4 接收

第6章 ARM 裸机系统汇编实验

6.1 ARM 开发环境搭建

开发 ARM 裸机系统有很多种方法,之前在 LPC21XX、S3C44B0、S3C2410、S3C2440 等平台上,比较常用的是 ADS1.2 或是 MDK。但是这些工具主要针对 ARM9 平台,对于后续的 Cortex-A8、Cortex-A9 等高端平台,它们是心有余而力不足。所以我们需要选择更适合的开发环境。

一种方式是直接在 Linux 下进行裸机开发,在 Linux 下开发,需要安装 Linux 操作系统,需要熟悉各种 Linux 命令、操作、Makefile 及交叉编译工具链等。相对来说需要一定 Linux 基础,使用起来比较麻烦,正因为如此,我们采用 Eclipse 开发平台,同时支持 Linux32 位、Linux64 位、Windows32 位、Windows64 位操作系统。无论您使用 Ubuntu32 位、Ubuntu64 位,或是 Fedora32 位、Fedora64 位,或是 Winxp、Win7、Win10 等,都可以开发裸机。同时,烧写程序也不再局限于 Linux 系统,无论您使用何种操作系统,都能方便地将映像文件写到 SD 卡。

由于官方 Eclipse 是通用开发平台,所以我们需要自己搭建适合自己的开发环境,基于 Eclipse 安装各种插件是一种很好的方式,我们将基于 Eclipse for C/CPP 加上插件构建出开发 ARM 裸机的 Eclipse For ARM 开发环境。

Eclipse for ARM 是借用开源软件 Eclipse 的工程管理工具,嵌入 GNU 工具集,使之能够开发 ARM 公司 Cortex-A 系列的 CPU。读者可从实验平台的配套资料中获取该软件,或者自行从互联网下载。

光盘资料路径【裸机资料\裸机开发软件\YAGARTO 交叉编译工具安装包】。用户需要安装编译工具、Eclipse、串口驱动等相关软件。实验环境的具体配置参见:

《嵌入式系统实验环境配置手册——ARM 裸机开发环境搭建 V1.0》(http://trics.nankai.edu.cn/embedded/EV1.0.pdf)。

6.2 S5P6818 启动分析

6.2.1 实验目的

本小节着重介绍 S5P6818 的启动模式,通过原理说明,要求能够掌握 S5P6818 的启动模式以及启动模式配置方法,便于理解系统启动流程。

6.2.2 实验原理

OURS-S5P6818 实验平台的启动模式配置如图 6-1 所示。

BOOT MODE OPTION

	eMMC	SPI	USB	NAND
MCU_SD0	HIGH	LOW	LOW	HIGH
MCU_SD1	LOW	LOW	HIGH	HIGH
MCU_SD2	HIGH	HIGH	HIGH	HIGH
MCU_SD4	LOW	HIGH		
MCU_SD5	LOW	LOW		

Boot media port select (SPI, eMMC)

	CH0	CH1	CH2
MCU_SD3	LOW	HIGH	LOW
MCU_CAM1_D3	LOW	LOW	HIGH

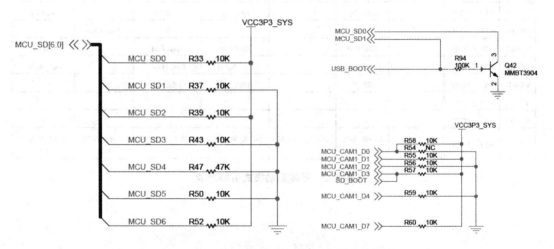

图 6-1　OURS-S5P6818 实验平台的启开模式

S5P6818 支持各种系统启动模式。引导模式由重启或者复位时的系统引导配置决定。引导模式大体上分为两大类：一类是外部静态 RAM 启动，一类是内部 ROM 启动。系统各种启动模式的管脚配置以及各引脚的配置功能如图 6-2、图 6-3 所示，启动场景如图 6-4 所示。

Pins	RST_CFG	Static Memory	SDFS (TBD)	UART	Serial Flash	SD MMC	USB Device	Nand
SD0	RST_CFG0	0	1	1	0	1	0	1
SD1	RST_CFG1	0	0	1	0	0	1	1
SD2	RST_CFG2	0	0	0	1	1	1	1
SD3	RST_CFG3		Port_Num0	Port_Num0	Port_Num0	Port_Num0		SELCS
SD4	RST_CFG4				ADDRWIDTH0	0		
SD5	RST_CFG5				ADDRWIDTH1	0		
SD6	RST_CFG6			BAUD	SPEED			
SD7	RST_CFG7							
DISD0	RST_CFG8	LATADDR	LATADDR	LATADDR	LATADDR	LATADDR	LATADDR	LATADDR
DISD1	RST_CFG9	BUSWIDTH	0	0	0	0	0	0
DISD2	RST_CFG10							NANDPAGE1
DISD3	RST_CFG11							NANDTYPE0
DISD4	RST_CFG12							NANDTYPE1
DISD5	RST_CFG13							NANDPAGE0
DISD6	RST_CFG14		DECRYPT	DECRYPT	DECRYPT	DECRYPT	DECRYPT	DECRYPT
DISD7	RST_CFG15		I-Cache	I-Cache	I-Cache	I-Cache	I-Cache	I-Cache
VID1[0]	RST_CFG16		Next Try		Next Try	Next Try		Next Try
VID1[1]	RST_CFG17						Vbus_Level	
VID1[2]	RST_CFG18		Next Port		Next Port	Next Port		Next Port
VID1[3]	RST_CFG19		Port_Num1		Port_Num1	Port_Num1		Port_Num1
VID1[4]	RST_CFG20		USE_FS		USE_FS	USE_FS		
VID1[5]	RST_CFG21							
VID1[6]	RST_CFG22							
VID1[7]	RST_CFG23		CORE_VOLTAGE	CORE_VOLTAGE	CORE_VOLTAGE	CORE_VOLTAGE	CORE_VOLTAGE	CORE_VOLTAGE

图 6-2　系统启动模式引脚功能

Name	Pin	RST_CFG	Note	
NANDTYPE[1:0]	DISD[4:3]	RST_CFG[12:11]	NAND flash Memory Type on SD Bus	0 = Small Block 3 Address 1 = Small block 4 Address 2 = Large 4 Address 3 = Large 5 Address
NANDPAGE [1:0]	DISD[2,5]	RST_CFG[10,13]	Pagesize of Large NAND Flash on SD Bus	0 = 2K 1 = 4K 2 = 8K 3 = 16K or above
SELCS	DISD2	RST_CFG10	NAND Chip Select	When SD bus 0 = nNCS0 1 = nNCS1
DECRYPT	DISD6	RST_CFG14	AES ECB mode decrypt	0 = Not decrypt 1 = Decrypt
I-Cache	DISD7	RST_CFG15	I-Cache Enable	0 = Disable 1 = Enable
SBZ	SD4	RST_CFG[6:4]		Should Be Zero
ADDRWIDTH[1:0]	SD[5:4]	RST_CFG[5:4]	Serial Flash Address width	0 = 16-bit 1 = 24-bit 2 = 32-bit
BAUD	SD6	RST_CFG6	UART Baudrate	0 = 19200 bps 1 = 115200 bps
SPEED	SD6	RST_CFG6	Serial Flash Speed	0 = 1 MHz 1 = 16 MHz
LATADDR	DISD0	RST_CFG8	Static Latched Address	0 = None 1 = Latched
BootMode[2:0]	SD[2:0]	RST_CFG[2:0]	Boot Mode Select	0 = Static Memory 1 = SDFS 3 = UART 4 = SPI 5 = SDMMC 6 = USB 7 = NAND
Port Num[1:0]	VID1[3], SD3	RST_CFG[19, 3]	Boot Device Port Number	0 = Port 0 1 = Port 1 2 = Port 2 (when SPI, SD)
Core Voltage	VID1[7]	RST_CFG23	EMA Voltage	0 = 1.0 V 1 = 1.1 V
Vbus_Level	VID1[1]	RST_CFG17	Vbus Detect Host Voltage Level	0 = 5 V 1 = 3.3 V

图 6-3　系统各引脚配置功能

Next Try	USE_FS (TBD)	Next Port	Port SEL1	Port SEL0	BOOT MODE	Boot Scenario
x	x	x	x	x	6	USB
0	x	x	0	0		SPI0 => USB
			0	1		SPI1 => USB
			1	1		SPI2 => USB
			1	1		SPI0hs => USB
1	s	0	0	0	4	SPI0 => SDs0 => USB
			0	1		SPI1 => SDs1 => USB
			1	0		SPI2 => SDs0 => USB
			1	1		SPI0hs => SDs1 => USB
		1	0	0		SPI0 => SDs1 => USB
			0	1		SPI1 => SDs0 => USB
			1	0		SPI2 => SDs1 => USB
			1	1		SPI0hs => SDs0 => USB
0	x	x	0	0		SD0 => USB
			0	1		SD1=> USB
			1	0		SD2 => USB
			1	1		SD2hs => USB
1	s	0	0	0	1, 5	SD0 => SDs2 => USB
			0	1		SD1 => SDs0 => USB
			1	0		SD2 => SDs1 => USB
			1	1		SD2hs => SDs1 => USB
		1	0	0		SD0 => SDs1 => USB
			0	1		SD1 => SDs2 => USB
			1	0		SD2 => SDs0 => USB
			1	1		SD2hs => SDs0 => USB
0	x	x	x	0		NAND0 => USB
				1		NAND1 => USB
1	s	0	0	0	7	NAND0 => SDs0 => USB
			0	1		NAND1 => SDs1 => USB
			1	0		NAND0 => SDs2 => USB
			1	1		NAND1 => SDs2hs => USB
		1	0	0		NAND0 => SDs1 => USB
			0	1		NAND1 => SDs0 => USB
			1	0		NAND0 => SDs2hs => USB
			1	1		NAND1 => SDs2 => USB

图 6-4　启动场景

注：s: 0: SD、1: SDFS　hs: 0: Normal speed、1: High speed。

1. 外部静态 RAM 启动

S5P6818 支持外部静态 RAM 启动，可以在不占用 CPU 的情况下执行外部静态存储器访问，支持 16/8 位静态存储器。外部静态 RAM 启动需要外接外部 SRAM，即在 CPU 外扩充 SRAM 存储器，一般很少使用。

> ➤ BOOTMODE=0　属于外部静态 RAM 启动。
> ➤ BOOTMODE=1,2　未使用。

外部静态内存启动的配置如表 6-1。

表 6-1　外部静态内存启动的配置

引脚名	函数名	描述
RST_CFG[2:0]	BOOTMODE[2:0]	Pull-down
RST_CFG[7:3]		Don't care
RST_CFG8	CfgSTLATADD	Static Latched Address (user select) 0 = None 1 = Latched
RST_CFG9	CfgSTBUSWidth	Static Bus Width (user select) 0 = 8-bit 1 = 16-bit
RST_CFG[24:10]		Don't care

在外部静态存储器启动的情况下，nSCS [0] 通过 reset 配置设置为地址 0x00000000，并且 CPU 可以通过 MCU-S 访问静态存储器。如图 6-5 所示。

图 6-5　外部静态存储器启动的存储器访问

2. 内部 ROM 启动

该芯片内置 20 KB ROM，通过将 CfgBOOTMODE 系统配置设置为"0 到 2"，可以将内部 RON（Internal ROM）地址设置为第 0 个地址即起始地址。当设置好 CfgBOOTMODE，复位后 CPU 会从 Internal ROM（内部 ROM）的 0 地址处取出指令执行。internal ROM 里存放着一组具有支持各种引导方法的代码。此 ROM 代码会从各种不同的介质中读取并执行用户引导代码，然后加载到指定的内存中。这种引导方法被定义为 iROM BOOT。

iROM BOOT 支持 SPI BOOT、UART BOOT、USB BOOT、SDHC BOOT 和 NAND BOOT 五种引导模式；通过参考 SD [15：0] 中的复位状态，每种引导模式都支持各种引导方式。图 6-6 显示了每种引导模式的系统配置。

Pins	iROMBOOT					
	SDFS	UART	SPI Serial Flash	SDMMC	USB Device	NANDBOOT with Error Correction
RST_CFG[2:0]	BOOTMODE=1	BOOTMODE=3	BOOTMODE=4	BOOTMODE=5	BOOTMODE=6	BOOTMODE=7
RST_CFG[12:11]						NANDTYPE[1:0]
RST_CFG[13, 10]	Don't care					PAGESIZE[1:0]
RST_CFG[3]						SELCS
RST_CFG[17]	Don't care				OTG Session Check	Don't care
RST_CFG[6]	Don't care	Baud Rate	Speed		Don't care	
RST_CFG[5:4]	Don't care		ADDRWIDTH[1:0]	Should be Zero	Don't care	
RST_CFG[19, 3]	Port Number					
RST_CFG[14]	DECRYPT					
RST_CFG[15]	I-CACHE					
RST_CFG[8]	LATADDR					
RST_CFG[9]	Should be Zero (BUSWIDTH)					

图 6-6　iROM BOOT 系统配置

（1）SPI BOOT

iROM BOOT 可以将 SPI Flash ROM 中的用户引导代码加载到内存中并执行此代码，该引导方法称为 SPI BOOT。SPI BOOT 支持 2、3、4 地址步级，启动速度为 16 MHz，支持 SPI 端口 0、1 和端口 2，最大引导代码 56 KB，支持启动签名检查和启动镜像 CRC 校验。

在 SPI BOOT 模式下，iROM_BOOT 程序从 SPI Flash 地址 0 位置加载用户启动代码到内部的 SRAM 的 0xFFFF_0000 地址处，当加载完最大 56 KB 的用户启动代码后，将 PC 指向内部 SRAM 的 0xFFFF_0000 地址即执行用户启动代码，如图 6-7 所示。

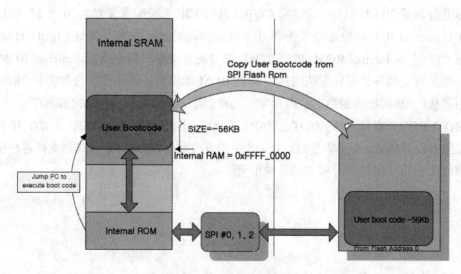

图 6-7　SPI ROM 引导操作

（2）UART BOOT

iROM BOOT 可以通过 UART 将用户启动代码加载到内存中并执行该代码,该启动方法称为 UART BOOT。支持 19 200 bps 和 115 200 bps 两种波特率,支持 UART 端口 0 和端口 1,支持启动签名检查和启动镜像 CRC 校验。

在 UART BOOT 模式下,iROM BOOT 程序通过 UART 端口将与其所连接的 UART 设备中的用户启动代码加载到内部 SRAM 的 0xFFFF_0000 地址处,当加载完最大 16 KB 的用户启动代码后,将 PC 指向内部 SRAM 的 0xFFFF_0000 地址即执行用户启动代码,如图 6-8。

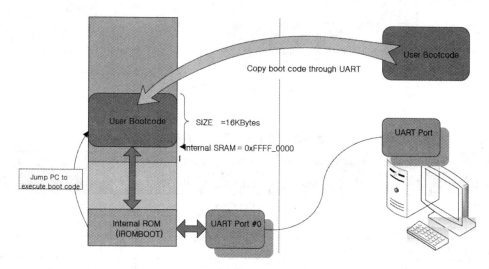

图 6-8　UART BOOT 流程

（3）USB BOOT

iROM BOOT 可以通过 USB 将用户启动代码加载到内存并执行该代码,该启动方法称为 USB BOOT。支持全速(64 KB)和高速(512 KB)的 USB 连接,和 bulk 传输。

USB 主机程序通过使用 USB 设备的 EP2 进行批量传输来传输用户启动代码。 根据端点的 USB 连接速度,最大数据包大小可以更改。 在全速连接中,USB 主机程序可以将最多 64 个字节作为一个数据包传输,而在高速连接中,最多可传输 512 个字节作为一个数据包。 USB 主机程序应该传输偶数大小的数据包,即使它可以传输相同的包作为最大大小的包,或小于最大大小的包。

在 USB BOOT 模式,iROM_BOOT 程序从 USB 主机中读取用户启动代码加载到内部 SRAM 的 0xFFFF_0000 地址,USB BOOT 在收到最大 56 KB 的用户启动代码后,通过将 PC 更改为内部 SRAM 地址 0xFFFF_0000 来执行用户启动代码,如图 6-9 所示。

USB 主机程序可以使用 Get_Descriptor 请求获取 USB BOOT 的描述符。表 6-2 显示了 USB BOOT 的描述符。USB BOOT 包含一个配置、一个接口和除控制端点外的两个附加端点。但是,端点 1 仅用于兼容性。USB BOOT 仅通过使用 Endpoint2 接收数据。

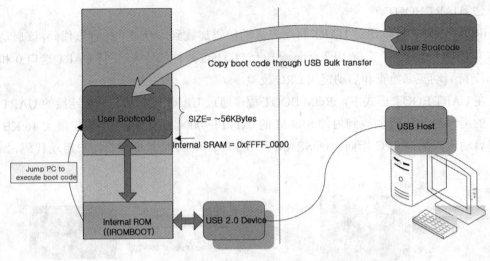

图 6-9　USB BOOT 流程

表 6-2　USB BOOT 的描述符

引脚号	引脚含义	位数	USB BOOT 值		描述
			Full Speed	High Speed	
Device Descriptor					
0	bLength	1	18		描述符的字节大小
1	bDescriptorType	1	01h		设备描述符类型
2	bcdUSB	2	0110h	0200h	BCD 中的 USB 规范发布号
4	bDeviceClass	1	FFh		类代码
5	bDeviceSubClass	1	FFh		子类代码
6	bDeviceProtocol	1	FFh		协议代码
7	bMaxPacketSize0	1	64		EP0 最大数据包大小
8	idVender	2	04E8h		供应商 ID
10	idProduct	2	1234h		产品 ID
12	bcdDevice	2	0000h		BCD 中的设备发布号
14	iManufacturer	1	0		描述制造商的字符串描述符索引
15	iProduct	1	0		描述产品的字符串描述符索引
16	iSerialNumber	1	0		描述设备序列号的字符串描述符索引
17	bNumConfiguration	1	1		可能配置的数量
Configuration Descriptor					
0	bLength	1	9		描述符的字节大小
1	bDescriptorType	1	02h		配置描述符类型
2	wTotalLength	2	32		该配置返回的数据总长度
4	bNumInterfaces	1	1		接口数量

引脚号	引脚含义	位数	USB BOOT 值		描述
			Full Speed	High Speed	
5	bConfigurationValue	1	1		配置集合参数值
6	iConfiguration	1	0		该配置的字符串描述符索引
7	bmAttribute	1	80h		配置特征属性
8	bMaxPower	1	25		最大功耗
Interface Descriptor					
0	bLength	1	9		描述符的字节大小
1	bDescriptorType	1	04h		接口描述符类型
2	bInterfaceNumber	1	0		接口数量
3	bAlternateSetting	1	0		用于选择备用设置的值
4	bNumEndpoints	1	2		用于为接口选择备用设置的值
5	bInterfaceClass	1	FFh		类代码
6	bInterfaceSubClass	1	FFh		子类代码
7	bInterfaceProtocol	1	FFh		协议代码
8	iInterface	1	0		该接口字符串描述符索引
Endpoint Descriptor for EP1					
0	bLength	1	7		描述符的字节大小
1	bDescriptorType	1	05h		端点描述符类型
2	bEndpointAddress	1	81h		端点地址
3	bmAttributes	1	02h		端点特征属性
4	wMaxPacketSize	2	64	512	最大包的大小
6	bInterval	1	0		轮询端点数据传输的间隔
Endpoint Descriptor for EP2					
0	bLength	1	7		描述符的字节大小
1	bDescriptorType	1	05h		端点描述符类型
2	bEndpointAddress	1	02h		端点地址
3	bmAttributes	1	02h		端点特征属性
4	wMaxPacketSize	2	64	512	最大包的大小
6	bInterval	1	0		轮询端点数据传输的间隔

（4）SDHC BOOT

iROM BOOT 可以通过从 SD 存储卡、MMC 存储卡和 eMMC 中读取并使用 SDHC 模块将其加载到内存中来执行用户启动代码。这种方法被称为 SDHC BOOT。

它支持 SD/MMC 内存卡和 eMMC,支持高容量的 SD/MMC 存储卡,支持 SD 端口 0/1/2,用 400 KHz 的 SDCLK 输出来识别,用 22.9 MHz 的 SDCLK 来进行数据传输。

在 SDHC BOOT 模式,iROM_BOOT 程序从 SDHC 端口连接的存储卡中读取用户启动代码加载到内部 SRAM 的 0xFFFF_0000 地址,SDHC BOOT 在收到最大 56 KB 的用户启动代码后,通过将 PC 更改为内部 SRAM 地址 0xFFFF_0000 来执行用户启动代码,如图 6-10 所示。

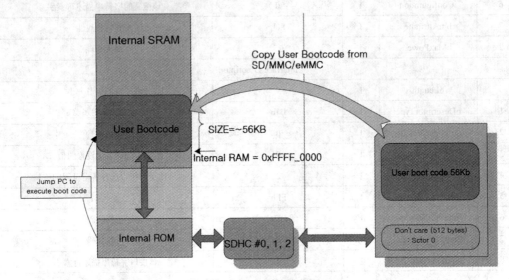

图 6-10　SDHC BOOT 流程

SDHC BOOT 使用所有 SDHC ＃ 0、1、2 模块。SDHC BOOT 根据 CFG 引脚提供各种引导方法,其中每种方法的规范建议参考 [RST_CFG 引脚的系统配置]。用户引导代码应该如表 6-3 所示,写入存储设备以使用 SDHC BOOT。

表 6-3　SDHC BOOT 模式启动引导数据格式

扇区	名称	描述
0	预留区	SDHC BOOT 不关心第 0 扇区的数据。 因此,可以使用第 0 扇区来存储 MBR(主引导记录),并将用户引导代码和文件系统包括在一个物理分区中
1~32	用户引导代码	用户启动代码自第二扇区开始最大 56KB

用户启动代码存储的介质必须按如下方式写入。用户启动代码中共有 33 个扇区(1 个扇区为 512 字节),其中第 0 块扇区为预留区,SDHC BOOT 不关心第 0 扇区的数据,用户启动代码自第二扇区开始最大 56KB。因此,可以使用第 0 扇区存储 MBR(主引导记录),并将用户引导代码和文件系统一起包含到一个物理分区中。第 1 到 32 块扇区则存放着用户的启动代码,每扇区 512 个字节,总共 16KB。

SDHC BOOT 引导过程如下。

①当 CfgSDHCBM 为"0"时,执行正常的 SDMMC 引导。

②进入闲置状态。

③ SDHC BOOT 识别卡的类型并进行初始化。

④卡的状态更改为数据传输模式。

⑤ SDHC BOOT 从扇区 1 读取用户引导代码,并将其加载到内部 SRAM 中执行。

SDHC BOOT 的启动过程如下。

①当 CfgSDHCBM=1 时,SDHC BOOT 执行 eMMC 启动。此时,若 CfgEMMCBM=1 时,是正常的 eMMC 启动执行,当 CfgEMMCBM=0 时,第二种 eMMC 启动被执行。对于 eMMC 的启动,SDHC BOOT 总是使用 4 位的数据总线,因此,EXT_CSD 的 BOOT_BUS_WIDTH 应该被设成 1。同时,EXT_CSD 的 BOOT_ACK 被设成 0,因为 BOOT_ACK 对于 eMMCBooting 已经不可用了。正常的 SDMMC 启动在 1 秒内没有数据从 CARD 传输过来的时候被执行。第一次传输的 512 个字节没有用,第二次传输的 512 个字节有用。用户启动代码从卡中传输到内部的 SRAM,然后被执行。

②当 CfgSDHCBM=0 或 eMMC 启动失败时,SDHC BOOT 执行正常 SDMMC 启动。首先会进入一个空闲状态,随后 SDHC BOOT 识别出卡的类型并初始化,卡的状态改变到数据传输模式,SDHC BOOT 根据 CfgPARTITION 选择分区,SDHC BOOT 从扇区 1 中读取用户启动代码,并加载它到内部的 SRAM 中执行。

(5)SDFS BOOT

iROM BOOT 可以使用 FAT32 文件系统引导启动。只能使用 SD 的第一个分区作为 FAT 文件系统并且分区名称必须是"FAT32"字符串。而且需要两个引导文件。一个是 "NXDATA.SBH",另一个是"NXDATA.SBL"。第一次启动时,读取 MBR 并搜索分区和文件系统。如果分区存在且文件系统为 FAT32,将搜索第一个引导文件"NXDATA.SBH"。如果找到第一个,搜索下一个引导文件"NXDATA.SBL"。NXDATA.SBL 的最大尺寸为 56 KB。

SDFS BOOT 支持 SD/MMC 和 eMMC 存储,支持大容量 SD/MMC 存储卡,支持 SD 的 0/1/2 端口,用 400 KHz 的 SDCLK 输出来识别,用 22.9 MHz 的 SDCLK 来进行数据传输,支持 FAT12、FAT16、FAT32 文件系统,不支持 FAT32 的长文件名。

(6)NAND BOOT

iROM BOOT 提供一个从 NAND FLASH 加载用户启动代码并且支持错误检测的启动方式,通过加载存储在 NAND FLASH 中的用户启动引导代码到内部 SRAM 执行。这个启动方法被描述成 NAND BOOTEC。

支持长达每 551 字节 24 位的错误纠正:用户引导代码 512 字节 + 同等的 39 字节 + 奇偶校验 39 字节;支持长达每 1129 字节 60 位错误纠正:用户引导代码 1024 字节 + 奇偶校验 105 字节。支持 521 B、2 KB、4 KB、8 KB、16 KB 以及更高的 NAND 闪存页面大小。支持 NAND 闪存通过 RESET 命令来初始化它们,不支持坏扇区管理。

NAND BOOTEC 可以纠正存储在用户启动代码中发生的错误。无论在什么时候, NAND BOOTEC 都是以 512 字节或 1024 字节的方式从 NAND 闪存读取用户启动代码,每当 NAND BOOTEC 从 NAND 闪存读取 512 字节或 1024 字节的用户启动代码时,它能通过使用 MCU-S 中包含的 H / W BCH 解码器的错误检测功能,可以知道是否存在数据错误。如果数据中有任何错误,则可以通过硬件纠错来纠正最多 24 或 60 个错误。

图 6-11 显示了用户引导代码写入 NAND 闪存的形式。 NAND BOOTEC 使用 NAND 闪存的主存储器,并不使用它的备份区域。

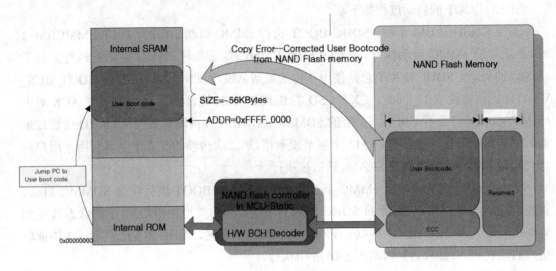

图 6-11　NAND BOOT 流程

所有引导模式(除了 UART 引导)均要检查 512 字节的 BOOT Header。首先从引导设备接收或加载该 BOOT Header 到 SRAM 的 0xFFFF0000。首先,当接收到 512 字节的 BOOT Header 时,ROM BOOT 检查 BOOT Header 最后一个引导签名。 该签名值必须是 0x4849534E。 如果不相等,ROM BOOT 尝试下次启动。并且所有引导都必须有 LOAD-SIZE、LOADADDR 和 LAUNCHADDR 这 3 个效数据。这些数据描述了接下来的第二级启动镜像信息。 引导镜像的大小和加载地址必须以 16 字节对齐。如果是 SPI Boot 模式,ROM BOOT 检查 CRC32。 CRC 是除 BOOT Header 以外的引导代码。

下面以 SD 卡的启动方式进行详细介绍。SD 卡的启动方式属于内部 ROM 启动中的 SDHC 启动方式。上电时,S5P6818 会将位于 0x3400_0000 上的 Internal ROM 代码映射到 0x0000_0000 上进行执行。该代码将 SD 卡上从 0x0000_0200 开始的数据复制到内部 RAM 中,目标位置为 0xFFFF_0000,数据大小为 56KB。复制完成后,指令就会跳转到 0xFFFF_0200 继续执行,该代码会初始化 CPU 的一些设备,包括时钟、DRAM 等,然后再将 SD 卡上第 64 号扇区开始的数据(二级引导程序)复制到 DRAM 上,目标地址为 0x43C0_0000。复制完毕后再跳转到 0x43C0_0000 上继续执行。此时启动完成。

以上就是 S5P4418 上电启动的过程描述。

6.3　通过 TF 卡运行程序

6.3.1　实验目的

本节着重讲解可引导 TF 卡的制作,掌握制作可引导卡方法,所有裸机系统程序均需要使用此方法引导运行。

6.3.2　实验步骤

1. 格式化 TF 卡

针对 OURS-S5P6818 实验平台,我们都是使用 iROM BOOT 进行引导启动,在裸机系统中我们几乎都是将裸机程序直接烧写到 TF 卡运行。通过前面启动模式分析可知 iROM BOOT 对于 TF 卡中存放的文件有一定要求,所以第一步需要按照要求格式化 TF 卡。

注意:一旦完成 TF 卡格式化,若未对 TF 卡做其他操作,在裸机系统环境下将无须再次格式化。即 TF 卡只须格式化一次便可;若每次都格式化 TF 卡,只可能影响 TF 卡及读卡器寿命,以及浪费时间,不会对实验设备及过程造成影响。

按照如下流程格式 TF 卡。

①将 TF 卡接入 PC 机。

②运行"分区助手"软件,如图 6-12 显示【硬盘 4】便是我们插入的 TF 卡(注意:每个 PC 机和 TF 卡的情况不同,所显示的名称也不相同)。我们需要使用这个工具给 TF 卡预留一些空间,用于存放 Boot Loader 或裸机程序。

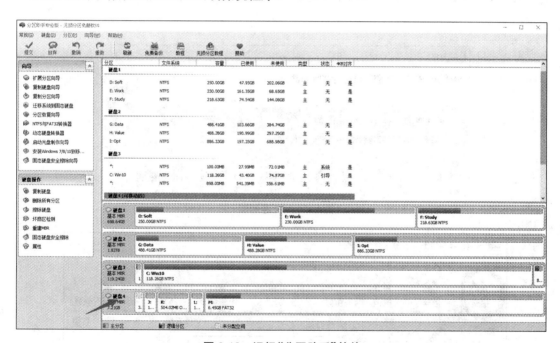

图 6-12　运行"分区助手"软件

③删除 TF 所有原有分区。

在需要删除的分区上右键—>【删除分区】(注意:此操作将导致数据损坏,千万不要删错了其他分区)(如图 6-13 所示)。

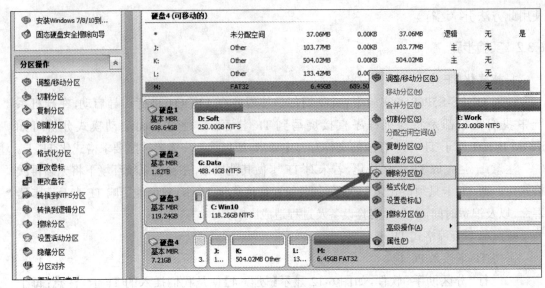

图 6-13　删除分区

　　勾选【快速删除分区】—> 点击【确定】，点击【提交】执行本次任务，如图 6-14、图 6-15 所示。

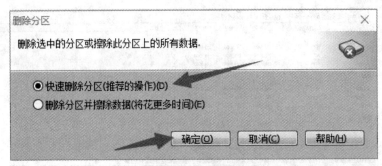

图 6-14　快速删除

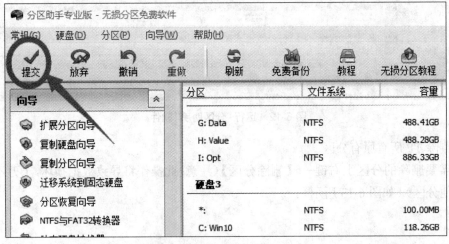

图 6-15　提交任务

在弹出的操作步骤界面,点击【执行】(图 6-16~ 图 6-19)。

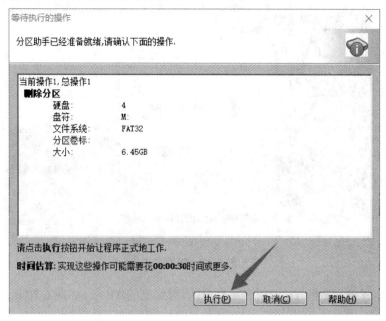

图 6-16　执行任务

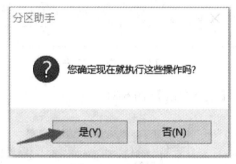

图 6-17　确定执行

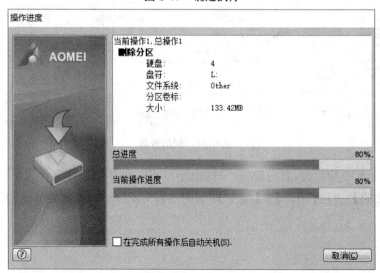

图 6-18　删除过程

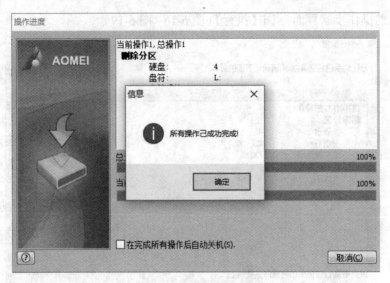

图 6-19　删除完成

按以上步骤依次删除 TF 卡所有原有分区，得到空的 TF 卡（如图 6-20 所示）。

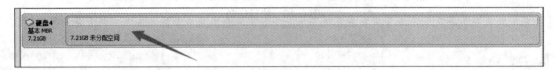

图 6-20　空的 TF 卡

再在 TF 卡上右键—>【创建分区】（图 6-21）。

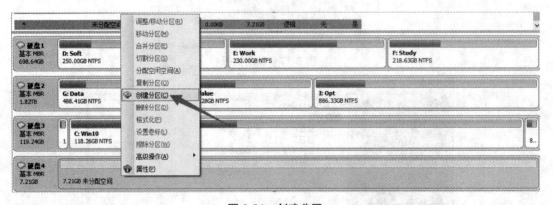

图 6-21　创建分区

调整分区大小和盘符，盘符随意，分区大小不小于要存放程序文件大小即可，系统必须是【未格式化的】，点击【确定】并【提交】（如图 6-22 所示）。调整后的分区如图 6-23 所示。

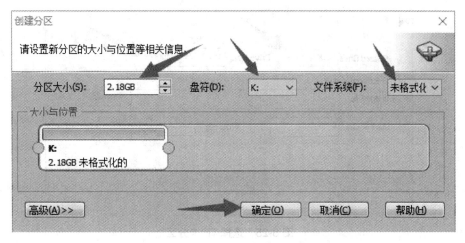

图 6-22　调整分区

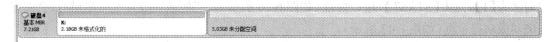

图 6-23　调整后的分区

2. 烧录镜像到 TF 卡

一旦格式化 TF 卡完成后,便可以借助 TF 卡烧录软件将程序镜像烧录到 TF 卡,烧录软件 SDcardBurner.exe 笔者放置于每个实验例程的工程中的 tools 目录下的 windows 目录中。

①点击 SDcardBurner.exe 右键【以管理员身份运行】(如图 6-24 所示)。

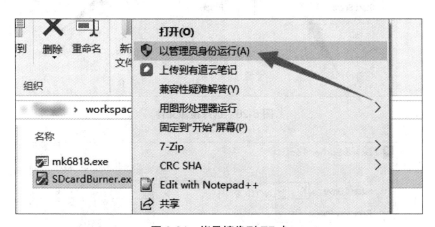

图 6-24　烧录镜像到 TF 卡

②选择要烧录的 TF 卡分区,选择完分区后,将自动显示此磁盘扇区数,笔者此处选择【K】(注意:请通过自动识别的扇区数检查,千万不要选错分区)(如图 6-25 所示)。

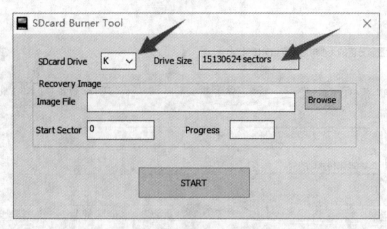

图 6-25　选择 TF 卡分区

　　③点击【Browse】按钮，选择要烧录到 TF 卡的添加了启动头的镜像文件，设置烧录起始扇区为【1】，点击【START】，进行烧录（如图 6-26 所示）。当烧录完成且没有出错时，会弹出烧写成功提示框（如图 6-27 所示）。

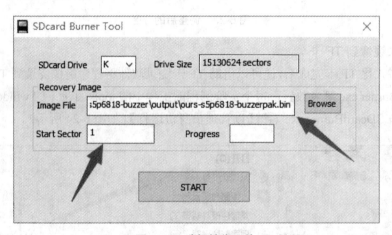

图 6-26　选择镜像文件

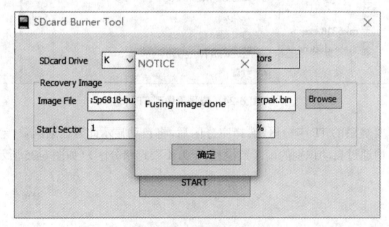

图 6-27　烧写成功

3. 设置开发板启动顺序

OURS-S5P6818 实验平台默认首先从 SD0 通道启动,如果 SD0 卡槽放有能够启动 OURS-S5P6818 平台的 TF 卡,则从 TF 卡启动,否则从 eMMC 启动。当我们将裸机程序烧写到 TF 卡后,只需要插到 SD0 通道,即 OURS-S5P6818 下侧的 TF 卡槽,开机即可执行裸机程序,而不必理会实验平台 Flash 存储中是否已经烧有映像,也无须进行任何的跳线设置。

4. 通过 TF 卡运行裸机程序

通过串口线连接实验平台的 Debug 串口(J10),打开串口终端软件。将烧有裸机程序的 TF 卡插到实验平台下侧的 TF 卡槽,给实验平台上电,无须按任何按键,即可执行用户程序,同时串口将会打印引导信息(如图 6-28 所示)。

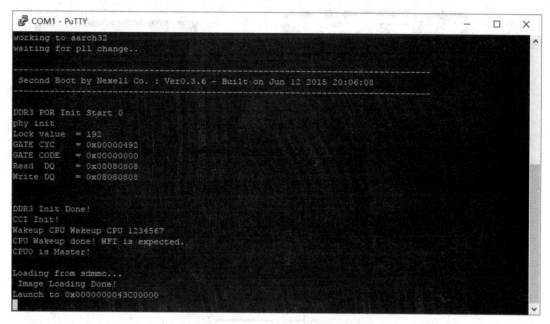

图 6-28　通过 TF 卡运行裸机程序

6.4　ARM 汇编控制蜂鸣器实验

6.4.1　实验目的

掌握汇编程序工程组织;了解 makefile 文件及链接文件;掌握 S5P6818 平台汇编语言基本操作,重点掌握使用 GPIO 通过三极管驱动蜂鸣器的方法,能够灵活控制蜂鸣器。

6.4.2　实验原理

1. 硬件连接

本次实验中所用到的实验平台相关引脚如图 6-29 到图 6-30 所示,实验电路如图 6-31 所示。

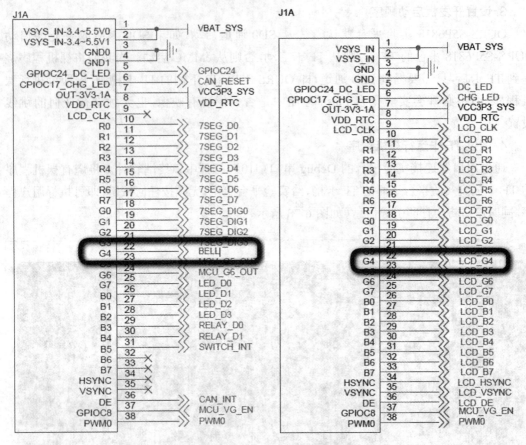

图 6-29　本次实验涉及的引脚

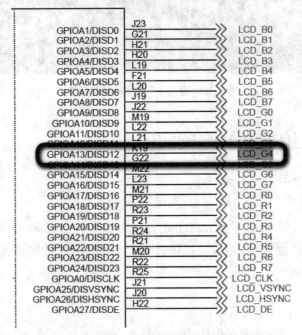

图 6-30　本次实验涉及的引脚

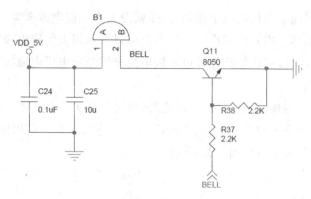

图 6-31　实验电路图

2. 控制原理

实验平台上电后,无须按任何按键, VDD_5V 会产生 5V 的电压,通过一个 NPN 型 8050 三极管驱动控制蜂鸣器的蜂鸣与停止。

晶体三极管是电流放大器件,主要用于电流放大和电流的导通截止。三极管有三个极, 分别叫作集电极 C、基极 B、发射极 E。有 NPN 和 PNP 两种结构形式,N 是负极的意思(代 表英文中 Negative),N 型半导体在高纯度硅中加入磷取代一些硅原子,在电压刺激下产生 自由电子导电,而 P 是正极的意思(Positive),是加入硼取代硅,产生大量空穴利于导电。

对于 NPN 型三极管,它是由两块 N 型半导体中间夹着一块 P 型半导体所组成,发射区 与基区之间形成的 PN 结称为发射结,而集电区与基区形成的 PN 结称为集电结,三条引线 分别称为发射极 E(Emitter)、基极 B(Base)和集电极 C(Collector),如图 6-32 所示。

三极管工作必要条件是:

①在 B 极和 E 极之间施加正向电压。

②在 C 极和 E 极之间施加反向电压(此电压应比 EB 间电压较高)。

③若要取得输出必须施加负载。

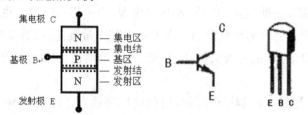

图 6-32　三极管的结构

当三极管满足必要的工作条件后,其工作原理如下。

①基极有电流流动时。由于 B 极和 E 极之间有正向电压,所以电子从发射极向基极移 动,又因为 C 极和 E 极间施加了反向电压,因此,从发射极向基极移动的电子,在高电压的 作用下,通过基极进入集电极。于是,在基极所加的正电压的作用下,发射极的大量电子被 输送到集电极,产生很大的集电极电流。

②基极无电流流动时。在 B 极和 E 极之间不能施加电压的状态时,由于 C 极和 E 极间 施加了反向电压,所以集电极的电子受电源正电压吸引而在 C 极和 E 极之间产生空间电荷

区,阻碍了从发射极向集电极的电子流动,因而就没有集电极电流产生。

综上所述,在晶体三极管中很小的基极电流可以导致很大的集电极电流,这就是三极管的电流放大作用。此外,三极管还能通过基极电流来控制集电极电流的导通和截止,这就是三极管的开关作用。

三极管除了可以当作交流信号放大器之外,也可以作为开关之用。严格来讲,三极管与一般的机械接点式开关在动作上并不完全相同,但是它却具有一些机械式开关所没有的特点。基本的三极管开关电路如图 6-33 所示。

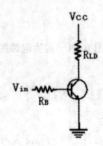

图 6-33　基本的三极管开关电路

由三极管开关电路可知负载被直接跨接于三极管的集电极与电源之间,而位居三极管主电流的回路上。输入电压 V_{in} 则控制三极管开关的开启与闭合动作,当三极管呈开启状态时,负载电流便被阻断,反之,当三极管呈闭合状态时,电流便可以流通。详细地说,当 V_{in} 为低电压时,由于基极没有电流,因此集电极也无电流,致使连接于集电极端的负载也没有电流,而相当于开关的开启,此时三极管仍工作于截止区。 同理,当 V_{in} 为高电压时,由于有基极电流流动,因此使集电极流过更大的放大电流,因此负载回路便被导通,而相当于开关的闭合,此时三极管仍工作于饱和区(saturation)。

3. 驱动过程

蜂鸣器是一种一体化结构的电子讯响器,采用直流电压供电,大体上分为有源蜂鸣器和无源蜂鸣器,首先需要说明这里的"源"不只是电源,而是指震荡源。也就是说,有源蜂鸣器内部带震荡源,所以只要一通电就会叫。而无源内部不带震荡源,所以如果用直流信号无法令其鸣叫,必须用 2 k~5 k 的方波去驱动它。有源蜂鸣器往往比无源的贵,就是因为里面多了一个震荡电路。

由前面的硬件连接及控制原理可知,要驱动蜂鸣器直接控制 8050 三极管开关即可,也就是控制"BELL"引脚输出高低电平。因为"BELL"最终是连接到 CPU 的 GPIOA13 端口,所以需要控制 GPIOA13 端口输出高或低电平。也就是当"BELL"脚输出高电平时三极管"Q11"闭合,蜂鸣器"B1"的"2"脚和"地"导通形成通路,蜂鸣器鸣响,反之关闭,实验现象如表 6-4 所示。

表 6-4　实验现象说明

电路网络标号	GPIO 端口	GPIO 状态	蜂鸣器状态
BELL	GPIOA13	GPIOA13=0(低电平)	停止蜂鸣
		GPIOA13=1(高电平)	蜂鸣

通过查看 S5P6818 芯片数据手册如图 6-34 可知,要使用 S5P6818 的 GPIO 口进行输出,需要通过设置 GPIO 对应端口的相关位来选择作为 GPIO 功能。因为现在的绝大多数 MCU 为了在减小体积的同时不影响接口功能,都会采用管脚复用技术,即同样的一个 CPU 芯片引脚通过配置寄存器为不同的值,使其具有不同的功能。

Ball	Name	Type	Alternate Function 0	Alternate Function 1	Alternate Function 2	Alternate Function 3
J23	DISD0	S	GPIOA1	DISD0	–	–
G21	DISD1	S	GPIOA2	DISD1	–	–
H21	DISD2	S	GPIOA3	DISD2	–	–
L21	DISD11	S	GPIOA12	DISD11	–	–
K19	DISD12	S	GPIOA13	DISD12	–	–
G22	DISD13	S	GPIOA14	DISD13	–	–
M22	DISD14	S	GPIOA15	DISD14	–	–

图 6-34 S5P6818 芯片数据手册截图

需要将复用功能选择寄存器 GPIOxALTFN 设置为 b' 00;还需要将 GPIOx 输出使能寄存器(GPIOxOUTENB)设置为"1",使用 GPIOx 输出寄存器(GPIOxOUT)设置所需的输出值(低电平:"0",高电平:"1"),设置说明如图 6-35 所示。

GPIOxALTFN0

- Base Address: C001_A000h (GPIOA)
- Base Address: C001_B000h (GPIOB)
- Base Address: C001_C000h (GPIOC)
- Base Address: C001_D000h (GPIOD)
- Base Address: C001_E000h (GPIOE)
- Address = Base Address + A020h, B020h, C020h, D020h, E020h, Reset Value = 0x0000_0000

Name	Bit	Type	Description	Reset Value
GPIOXALTFN0_15	[31:30]	RW	GPIOx[15]: Selects the function of GPIOx 15pin. 00 = ALT Function0 01 = ALT Function1 10 = ALT Function2 11 = ALT Function3	2'b0
GPIOXALTFN0_14	[29:28]	RW	GPIOx[14]: Selects the function of GPIOx 14pin. 00 = ALT Function0 01 = ALT Function1 10 = ALT Function2 11 = ALT Function3	2'b0
GPIOXALTFN0_13	[27:26]	RW	GPIOx[13]: Selects the function of GPIOx 13pin. 00 = ALT Function0 01 = ALT Function1 10 = ALT Function2 11 = ALT Function3	2'b0
GPIOXALTFN0_12	[25:24]	RW	GPIOx[12]: Selects the function of GPIOx 12pin. 00 = ALT Function0 01 = ALT Function1 10 = ALT Function2	2'b0

图 6-35 复用寄存器设置说明

4. 工程组织

所有的实例工程均按如下规则组织（如图 6-36 所示），文件详细说明如图 6-37 所示。

图 6-36　实例工程文件目录

① output 目录用于存放编译生成的输出文件。

② source 目录用于存放程序源码。

③ tools 目录用于存放编译过程中需要用到的工具及引导文件镜像。

④ Makefile 文件为执行 make 命令时需要用到的脚本文件，其中主要包含如何编译和链接程序的规则说明。

⑤ *.lds 文件为链接脚本。

⑥其他文件和目录为 IDE 工具生成文件。

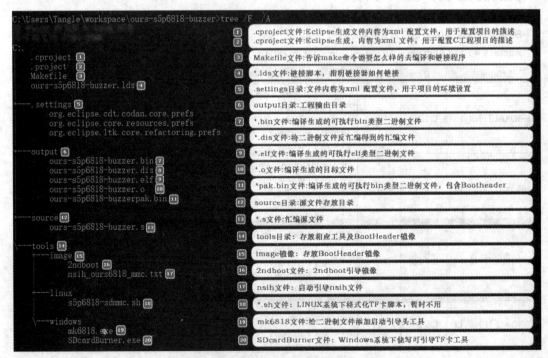

图 6-37　实例工程文件和目录详细说明

由先前启动分析可知,要使得用户程序能够正常引导运行,TF 卡需要先存放启动引导文件头,再存放用户程序,在工程目录中 tools/windows 目录下存放的 mk6818.exe 便是完成将 2ndboot 和 nsih 引导镜像与用户 bin 文件进行打包的工具,在编译过程中最后完成打包任务。

6.4.3　实验现象

当实验平台成功运行 TF 卡中的蜂鸣器控制程序时,可以听到板载蜂鸣器将会间隔约500 ms 鸣响一次。我们可以修改源码改变鸣响间隔及鸣响方式。

6.4.4　实验步骤

1. 导入工程

打开 Eclipse for cpp 软件,点击【File】—>【Import...】(新建工程方法请参考 Eclipse for ARM 小节,工程源码位于资料包中的"汇编例程 /ours-s5p6818-buzzer"),如图 6-38 所示。

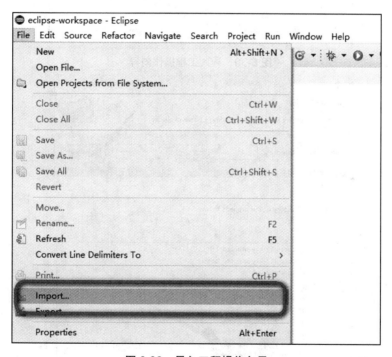

图 6-38　导入工程操作向导

在导入向导中选择【General】类中的【Existing Projects into Workspace】,点击【Next】,如图 6-39 所示。

在选择目录处点击【Browse...】浏览到资料包中【ours-s5p6818-buzzer】目录,点击【Finish】完成工程导入,如图 6-40、图 6-41 所示。创建完成时文件夹如图 6-42 所示。

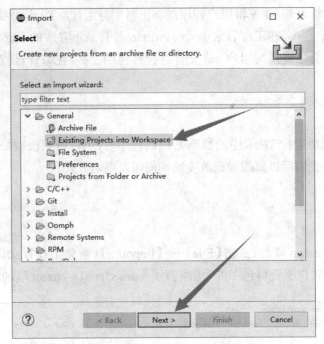

图 6-39　导入工程操作向导

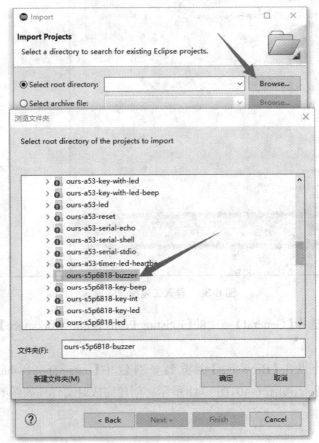

图 6-40　导入工程操作向导

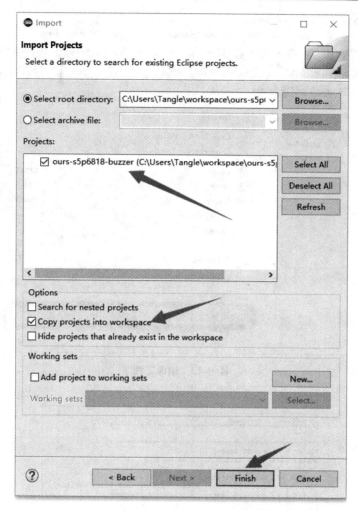

图 6-41　导入工程操作向导

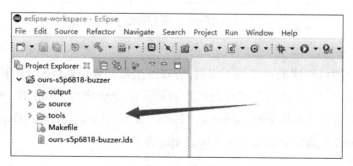

图 6-42　正确建立的实例工程

2. 编译工程

工程导入完成后,在工程上右键—>【Build Project】编译工程(如图 6-43 所示),编译的过程和结果会在 Console 窗口显示,最终生成 ours-s5p6818-buzzerpak.bin 文件(如图 6-44 所示),这是我们要使用的最终文件。

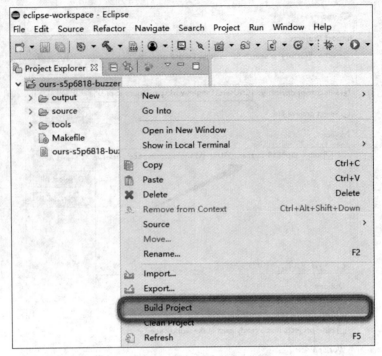

图 6-43　编译工程

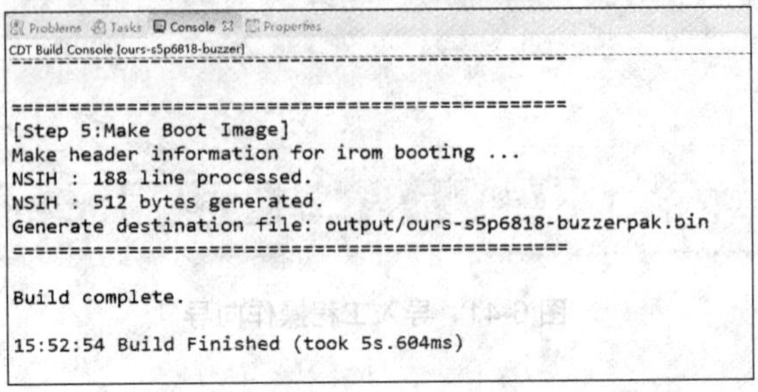

图 6-44　编译完成

3. 烧写 TF 卡

由于每一个裸机程序的功能都不相同,所以每次都需要重新烧写 TF 卡,请确保已经按照先前实验完成了 TF 卡格式化工作(注意:否则无法完成烧写)。将 TF 卡接入 PC 机,右键以管理员权限运行工程中 tools/windows 目录下 TF 卡引导烧写工具 SDcardBurner.exe,烧写文件浏览到编译生成的 ours-s5p6818-buzzerpak.bin。

4. 运行程序

通过串口线连接实验平台的 Debug 串口(最左上角 DB9 接口 J10),打开串口终端软件(没有特殊说明情况下配置均为波特率 115200,8 位数据位,无奇偶校验,1 位停止位,无流控)。将烧有蜂鸣器控制程序的 TF 卡插到实验平台下侧的 TF 卡槽,给实验平台上电,即可执行,同时串口将会打印引导信息。注意观察最后三条信息,指示了当前是从 SD/MMC 卡引导,程序最后跳转到 0x43C00000 地址执行。

注意：如果在启动时未打印如图 6-45 到图 6-47 中的引导信息，同时也未实现我们需要的功能，可能是 TF 卡格式化出错，或者烧写镜像到 TF 卡出错，请仔细核对。

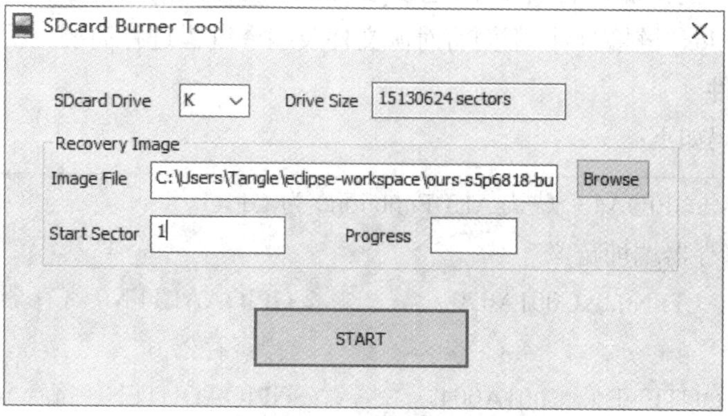

图 6-45　烧写工具窗口

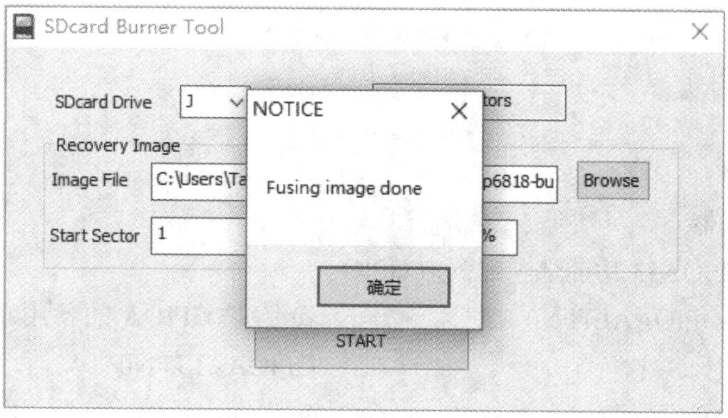

图 6-46　烧写完成

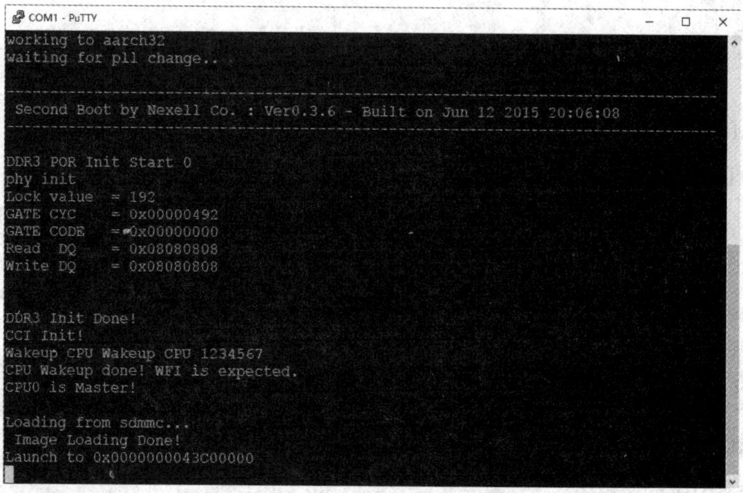

图 6-47　Debug 串口打印引导信息

6.4.5　实验分析

在本节及以后的汇编语言实验中,主要涉及编写及修改的文件包括"*.s"汇编源文件、Makefile 文件、"*.lds"链接文件,下面将对源文件及编译过程进行简要分析。

1. 汇编源文件

完整汇编源码如下:

```
// Buzzer ----> GPIOA13 默认 ALT Function0 为 GPIO
// GPIOA 寄存器地址定义
.equ GPIOAALTFN0,0xC001A020        @GPIOAALTFN0 寄存器地址,复用功能
                                    选择寄存器 0
.equ GPIOAOUTENB,0xC001A004        @GPIOAOUTENB 寄存器地址,输出使能
                                    寄存器地址
.equ GPIOAOUT,0xC001A000           @GPIOAOUT 寄存器地址,输出寄存器
.text
.global _start
.arm
_start:
    @ 蜂鸣器
    // 将 GPIOA13 功能选项配置为 GPIO
    ldr r0,=GPIOAALTFN0            @ 读取 GPIOA 的备用功能选择寄存器
                                    GPIOAALTFN0
    ldr r1,[r0]                    @ 先读出原值
    bic r1,r1,#(0x3 << 26)         @ 清除 bit[27:26] 清零 r1=r1 & (~0xC000000),
                                    GPIOAALTFN0_13
    str r1,[r0]                    @ 写入 GPIOAALTFN0
    // 将 GPIOA13 配置为输出
    ldr r0,=GPIOAOUTENB            @ 读 GPIOAOUTENB
    ldr r1,[r0]                    @ 先读出原值
    orr r1,r1,#(0x1 << 13)         @ 置位 1,bit13;将 GPIOA13 设置为输出
                                    模式
    str r1,[r0]                    @ 回写
LOOP:
    // 输出高电平,打开蜂鸣器
    ldr r0,=GPIOAOUT              @ 读 GPIOAOUT
    ldr r1,[r0]                    @ 读值
    orr r1,r1,#(0x1 << 13)         @ 置位 1,bit 13 位置 1;打开蜂鸣器
```

```
    str r1,[r0]                            @ 回写
    ldr r2,=0x2FFFFFF                      @ 延时值
LOOP1:
    sub r2,r2,#1                           @ 减 1
    cmp r2,#0                              @ 与 0 比较
    bne LOOP1                              @ 不相等跳转
    // 输出低电平,关闭蜂鸣器
    ldr r0,=GPIOAOUT                       @ 读值
    ldr r1,[r0]
    bic r1,r1,#(0x1 << 13)    @ 置位 0,bit 13 为设置为 0,关闭蜂鸣器
    str r1,[r0]                            @ 回写
    ldr r2,=0x3FFFFFF                      @ 延时值
LOOP2:
    sub r2,r2,#1              @ 减 1
    cmp r2,#0                @ 比较
    bne LOOP2
    b LOOP
stop:
    b stop
.end
```

　　由于我们采用的是 GNU 编译器,故汇编采用 GNU 汇编语法,在 GNU 汇编程序中,程序宏观上是从开始标识到结束标识顺序依次执行的,遇到跳转指令除外。具体到本例中,程序从 _start 标识开始执行,到 .end 标识结束。下面结合前面的原理说明对程序进行简要分析。

　　(1)汇编程序头

```
// Buzzer ----> GPIOA13  默认 ALT Function0 为 GPIO
// GPIOA 寄存器地址定义
.equ GPIOAALTFN0,0xC001A020              @GPIOAALTFN0 寄存器地址,复用功能
                                          选择寄存器 0

.equ GPIOAOUTENB,0xC001A004              @GPIOAOUTENB 寄存器地址,输出使
                                          能寄存器地址

.equ GPIOAOUT,0xC001A000                 @GPIOAOUT 寄存器地址,输出寄存器
.text
.global _start
```

```
.arm
_start:
```

①在 _start 标识之前使用 .equ 伪指令把常量值设置为符号,有点像高级语言中的宏定义。

② .text 指定了后续编译出来的内容放在代码段(可执行)。

③ .global 告诉编译器后续跟的是一个全局可见的名字(可能是变量,也可以是函数名),在本例中,_start 是一个函数的起始地址,也是编译、链接后程序的起始地址。由于程序是通过加载器来加载的,必须要找到 _start 名字的函数,因此 _start 必须定义成全局的,以便存在于编译后的全局符合表中,供其他程序(如加载器)寻找到。

(2)主程序开始

①第一步:设置复用功能。

```
_start:
    @ 蜂鸣器
    // 将 GPIOA13 功能选项配置为 GPIO
    ldr r0,=GPIOAALTFN0          @ 读取 GPIOA 的备用功能选择寄存器
                                   GPIOAALTFN0
    ldr r1,[r0]                  @ 先读出原值
    bic r1,r1,#(0x3 << 26)       @ 清除 bit[27:26] 清零 r1=r1 & (~0xC000000),
                                   GPIOAALTFN0_13
    str r1,[r0]                  @ 写入 GPIOAALTFN0
```

将蜂鸣器连接的 GPIO 管脚 GPIOA13 的复用功能设置为 GPIO 功能。也就是将其对应的 GPIOAALTFN0 寄存器相关位清零即可作为 GPIO 功能。

注意:程序中的 GPIOAALTFN0 寄存器操作采用的是位操作,并非暴力的强制写入值,这样的好处是此操作仅仅影响我们要操作的位中的值,对于其他位的值不产生影响。

②第二步:设置输出使能。

```
// 将 GPIOA13 配置为输出
ldr r0,=GPIOAOUTENB        @ 读 GPIOAOUTENB
ldr r1,[r0]                @ 先读出原值
orr r1,r1,#(0x1 << 13)     @ 置位 1,bit13;将 GPIOA13 设置为输出模式
str r1,[r0]                @ 回写 GPIOAOUTENB
```

将蜂鸣器连接的 GPIO 管脚 GPIOA13 配置为输出功能,即将 GPIOAOUTENB 寄存器对应位设置为 1。

③第三步：打开蜂鸣器。

```
LOOP:
    // 输出高电平,打开蜂鸣器
    ldr r0,=GPIOAOUT            @ 读 GPIOAOUT
    ldr r1,[r0]                 @ 读值
    orr r1,r1,#(0x1 << 13)      @ 置位 1,bit 13 位置 1;打开蜂鸣器
    str r1,[r0]                 @ 回写
```

控制打开蜂鸣器,即控制 GPIOAOUT 输出寄存器输出 1（高电平）,三极管“Q11”闭合,蜂鸣器电路形成通路,蜂鸣器打开。由于 CPU 运行指令的速度很快,当执行完打开蜂鸣器指令后立马再控制 GPIOAOUT 输出 0（低电平）,三极管“Q11”打开,蜂鸣器电路断路,蜂鸣器关闭,其中的间隔可能只有几微秒或几纳秒,我们人的耳朵根本无法听到如此短暂的响声,因此需要添加延时程序,使得其打开状态能够保持一段时间。当执行完上述代码段后,蜂鸣器便被打开,若无其他控制代码,蜂鸣器将在重启之前一直鸣响。紧接着在此代码段后,我们添加延时及关闭蜂鸣器代码,改变其状态。

④第四步：延时保持打开状态。

```
    ldr r2,=0x2FFFFFF          @ 延时值
LOOP1:
    sub r2,r2,#1               @ 减 1
    cmp r2,#0                  @ 与 0 比较
    bne LOOP1                  @ 不相等跳转
```

如上代码段主要完成延时功能,即将 0x2FFFFFF 此数字减去 1 后与 0 进行判断,如果不等于 0 就跳转到 LOOP1 标识执行,相当于 CPU 执行减法空转,以实现延时功能,延时总时间等于 0x2FFFFFF 乘以单条指令执行时间。一旦延时值减为 0,程序将跳出 LOOP1 循环判断,接着执行下面的指令。

⑤第五步：关闭蜂鸣器。

```
    // 输出低电平,关闭蜂鸣器
    ldr r0,=GPIOAOUT           @ 读值
    ldr r1,[r0]
    bic r1,r1,#(0x1 << 13)     @ 置位 0,bit 13 为设置为 0,关闭蜂鸣器
    str r1,[r0]                @ 回写
```

上述代码段控制 GPIOAOUT 输出 0,即关闭蜂鸣器,同理关闭蜂鸣器后其状态也需要保持一段时间才能被人耳察觉。如此循环,将实现蜂鸣器间隔鸣响。

⑥第六步：延时保持关闭状态。

```
        ldr r2,=0x3FFFFFF      @ 延时值
LOOP2:
        sub r2,r2,#1            @ 减 1
        cmp r2,#0              @ 比较
        bne LOOP2
```

与前面 LOOP1 循环判断类似，在此处延时，0x3FFFFFF 便是延时值。紧接着程序继续向下执行。一旦延时值减到 0，便会跳出循环执行后面的程序。

⑦第七部：循环。

```
        b LOOP
stop:
        b stop
.end
```

直接使用无条件跳转指令 b 跳转到前面的 LOOP 标识处，如此往复循环，也就是死循环，后面的 stop 标识代码将永远没有执行机会。

2. 链接脚本

所有创建可执行文件的最后一步就是链接，链接脚本是整个程序编译之后的连接过程。它是由 ld 或者是用 gcc 间接调用 ld 来完成的。连接脚本决定了一个可执行程序的各个段的存储位置，它主要任务和把外部库和应用程序的目标代码放到 text 段正确位置，以及创建程序中其他段（如 data/bss 段）。在程序链接时，链接器只关心函数和全局变量，链接器把它们识别为符号，来进行链接。在我们的例程中最主要的便是在连接脚本中设置程序起始位置为 0x43C00000。

（1）连接脚本头

```
OUTPUT_FORMAT("elf32-littlearm","elf32-littlearm","elf32-littlearm")
/* 指定输出可执行文件是 elf 格式 ,32 位 ARM 指令 , 小端 */
OUTPUT_ARCH(arm)
/* 指定输出可执行文件的平台为 ARM */
ENTRY(_start)
/* 指定输出可执行文件的起始代码段为 _start */
```

①链接脚本最开始指定了输出文件为 elf、32 位 ARM 指令、小端格式。

②然后指定输出的架构为 arm 架构。

③指定整个程序的入口地址，可以认为是第一句指令，_start 是 *.S 汇编源文件的第一个 lable。值得注意的是，程序入口并不代表它位于存储介质的起始位置。一般起始位置存

放的是 16 字节校验头和异常向量表。

（2）SECTIONS 字段

```
SECTIONS
/* 正式开始地址划分 */
{
    . = 0x43C00000;
    /* . 是指当前地址（代码段起始地址）设为 0x43C00000 */
    . = ALIGN(4);
    /* 代码以 4 字节对齐 */
```

① SECTIONS 表示正式开始地址划分。

② . 的意思是当前地址，这句将当前地址（代码段起始地址）设为 0x43C00000。

③ . = ALIGN(4) 的意思是代码以 4 字节对齐。

（3）text 字段

```
.text :
/* 指定代码段 */
{
    *(.text)
    /* 其他代码部分 */
}
```

.text 表示开始代码段的链接。

（4）其他字段

```
. = ALIGN(4);
.rodata :
/* 指定只读数据段 */
{
    *(.rodata)
}

. = ALIGN(4);
.data :
/* 指定读 / 写数据段 */
{
    *(.data)
}
```

```
. = ALIGN(4);
.bss :
/* 指定 bss 段 */
{
        *(.bss) *(COMMON)
}
```

①. = ALIGN(4) 的意思是将当前地址（代码段结束地址）4 字节对齐，然后将其作为只读数据段的起始地址（存放只读的全局变量）。

②同理，对数据段（存放全局变量）和 bss 段进行相同设置。

③最后设置 bss 段（存放初始值为 0 的全局变量）。

3. 编译脚本

编译脚本关系到整个工程的编译规则，其定义了一系列的规则来指定哪些文件需要先编译，哪些文件需要后编译，哪些文件需要重新编译，甚至于进行更复杂的功能操作。

因为开发环境和编译工具的不同，其使用的编译脚本也不同，我们使用的是 GNU 的 make 工具来管理编译工作，其对应的脚本为 makefile，makefile 就像一个 Shell 脚本一样，其中也可以执行操作系统的命令。makefile 带来的好处就是"自动化编译"，一旦写好，只需要一个 make 命令，整个工程完全自动编译，极大地提高了软件开发的效率。make 是一个命令工具，是一个解释 makefile 中指令的命令工具，一般来说，大多数的 IDE 都有这个命令，比如：Delphi 的 make，Visual C++ 的 nmake，Linux 下 GNU 的 make。可见，makefile 已成为一种在工程方面的编译方法。

（1）Makefile 的规则

```
target : prerequisites ...
    command
    ...
```

① target：是一个目标文件，可以是 Object File，也可以是执行文件，还可以是一个标签。

② prerequisites：是要生成那个 target 所需要的文件或是目标。

③ command：是 make 需要执行的命令（任意的 Shell 命令）。

这是一个文件的依赖关系，也就是说，target 这一个或多个的目标文件依赖于 prerequisites 中的文件，其生成规则定义在 command 中。在定义好依赖关系后，后续的那一行定义了如何生成目标文件的操作系统命令，一定要以一个 Tab 键作为开头。记住，make 并不管命令是怎么工作的，它只管执行所定义的命令。make 会比较 targets 文件和 prerequisites 文件的修改日期，如果 prerequisites 文件的日期要比 targets 文件的日期要新，或者 target 不存在的话，那么，make 就会执行后续定义的命令。具体来说，prerequisites 中如果有一个以上的文件比 target 文件要新的话，command 所定义的命令就会被执行，这就是 makefile 的规则,要编译目标文件可以使用 make target。更详细的内容请自行学习。

（2）定义 makefile 变量

```
SHELL=C:/windows/system32/cmd.exe
CROSS_COMPILE          := arm-none-eabi-
PROJ_NAME              := ours-s5p6818-buzzer
SRCDIRS        := source
OUTDIRS        := output
MK6818         := tools/windows/mk6818
NSIH           := tools/image/nsih_ours6818_mmc.txt
SECBOOT        := tools/image/2ndboot
CFLAGS         := -O0 -g -c -o
LDFLAGS        := -T $(PROJ_NAME).lds -o
OCFLAGS        := -O binary -S
ODFLAGS        := -D
CC             := $(CROSS_COMPILE)gcc
LD             := $(CROSS_COMPILE)ld
OC             := $(CROSS_COMPILE)objcopy
OD             := $(CROSS_COMPILE)objdump
MKDIR          := mkdir
CP             := cp -af
RM             := rm -rf
CD             := cd
FIND           := find
```

在 makefile 文件最开始处定义了一系列的变量,变量一般都是字符串,这个有点像 C 语言中的宏,当 makefile 被执行时,其中的变量都会被扩展到相应的引用位置上。当然,并不是必须要定义变量,只是使用变量的方式可以方便修改以及使脚本更简洁,但我们的文件依赖关系就显得有点凌乱了,鱼和熊掌不可兼得。

（3）定义伪目标

```
.PHONY:    all clean
all:
       ...

clean:
       ...
```

由 makefile 规则可知 target 是一个目标文件也可以是一个标签。我们并不生成"all"和

"clean"这两个文件,它们只是"伪目标"。"伪目标"并不是一个文件,只是一个标签。由于"伪目标"不是文件,所以 make 无法生成它的依赖关系和决定它是否要执行。我们只有通过显式地指明这个"目标"才能让其生效。当然,"伪目标"的取名不能和文件名重名,不然其就失去了"伪目标"的意义了。

我们可以使用一个特殊的标记".PHONY"来显式地指明一个目标是"伪目标",向make 说明,不管是否有这个文件,这个目标就是"伪目标"。

在 makefile 中,规则的顺序是很重要的,因为,makefile 中只应该有一个最终目标,其他的目标都是被这个目标所连带出来的,所以一定要让 make 知道你的最终目标是什么。一般来说,定义在 makefile 中的目标可能会有很多,但是第一条规则中的目标将被确立为最终的目标。如果第一条规则中的目标有很多个,那么,第一个目标会成为最终的目标。make 所完成的也就是这个目标。

一般情况下我们将 makefile 中的第一个目标称之为"默认目标",编译"默认目标"可以直接简单地使用 make,不用跟目标名。

(4)命令执行

```
all:
    @echo.
    @echo Build All...
    @echo ═══════════════════════════════
    @echo [Step 1:Build]
    @echo Building $(PROJ_NAME) ...
    $(CC) $(CFLAGS) $(OUTDIRS)/$(PROJ_NAME).o $(SRCDIRS)/$(PROJ_NAME).s
    @echo ═══════════════════════════════

    @echo.
    @echo ═══════════════════════════════
    @echo [Step 2:LD]
    @echo Linking $(PROJ_NAME).elf ...
    $(LD) $(OUTDIRS)/$(PROJ_NAME).o $(LDFLAGS) $(OUTDIRS)/$(PROJ_NAME).elf
    @echo ═══════════════════════════════

    @echo.
    @echo ═══════════════════════════════
    @echo [Step 3:OC]
    @echo Objcopying $(PROJ_NAME).bin ...
    $(OC) $(OUTDIRS)/$(PROJ_NAME).elf $(OCFLAGS) $(OUTDIRS)/$(PROJ_NAME).bin
```

```
        @echo ========================================

        @echo.
        @echo ========================================
        @echo [Step 4:OD]
        @echo Objdumping $(PROJ_NAME).elf ...
        $(OD) $(ODFLAGS) $(OUTDIRS)/$(PROJ_NAME).elf> $(OUTDIRS)/$(PROJ_NAME).dis
        @echo ========================================

        @echo.
        @echo ========================================
        @echo [Step 5:Make Boot Image]
        @echo Make header information for irom booting ...
        @$(MK6818) $(OUTDIRS)/$(PROJ_NAME)pak.bin $(NSIH) $(SECBOOT) $(OUT-
DIRS)/$(PROJ_NAME).bin
        @echo ========================================
        @echo.
        @echo Build complete.


clean:
        @echo.
        @echo [Clean Build...]
        @echo ========================================
        @echo Cleaning Objs...
        rm -rf $(OUTDIRS)/*.o $(OUTDIRS)/*.elf $(OUTDIRS)/*.dis $(OUTDIRS)/*.bin
        @echo ========================================
        @echo.
        @echo Clean complete.
```

当依赖目标新于目标时，也就是当规则的目标需要被更新时，make 会一条一条地执行其后的命令。再次强调命令必须以一个 TAB 键做开头，如果你要让上一条命令的结果应用在下一条命令时，你应该使用分号分隔这两条命令。比如你的第一条命令是 cd 命令，你希望第二条命令得在 cd 之后的基础上运行，那么你就不能把这两条命令写在两行上，而应该把这两条命令写在一行上，用分号分隔。

具体到我们的例程中，编译过程如下：

①目标是"all"伪目标，首先使用 arm-none-eabi-gcc 将 *.s 文件编译生成 *.o 对象文件。

②使用 arm-none-eabi-ld 将 *.o 对象文件按照链接脚本规则链接生成 *.elf 可执行文件。

③接着使用 arm-none-eabi-objcopy 将 *.elf 文件进行格式转换生成 *.bin 文件。

④使用 arm-none-eabi-objdump 将 *.elf 文件反汇编成 *.dis 文件，主要用来查看编译后目标文件的组成。

⑤到上一步已经完成了可执行程序的生成，由于 S5P6818 启动引导的特殊要求，需要对可执行文件进一步包装，使用 mk6818.exe 工具将"NISH.txt""2ndboot"和"*.bin 文件整合生成"*pak.bin"文件。

⑥最后的"clean"伪目标主要用于自动删除编译生成的中间文件和可执行文件。

6.5　ARM 汇编控制 LED 闪烁

6.5.1　实验目的

重点掌握 S5P6818 的 GPIO 相关寄存器配置使用方法，以及驱动 LED 的方法。

6.5.2　实验原理

1. 硬件连接

本次实验中所用到的实验平台相关引脚如图 6-48、图 6-49 所示，实验电路如图 6-50 所示。

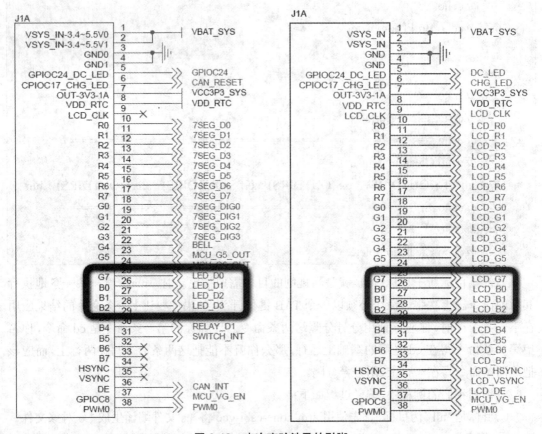

图 6-48　本次实验涉及的引脚

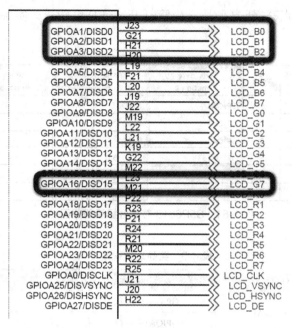

图 6-49　本次实验涉及的引脚

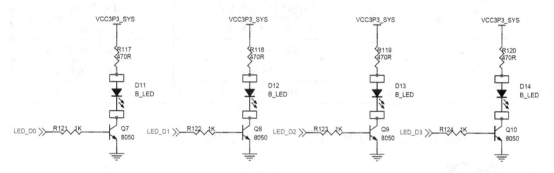

图 6-50　实验电路图

2. 控制原理

实验平台上电后,无须按任何按键,VCC3P3_SYS 会产生 3.3 V 的电压,通过一个 NPN 型 8050 三极管驱动 LED 灯亮灭。关于 8050 三极管在前面已经做了说明。

3. 驱动过程

LED 叫作发光二极管,它是一种能将电能转化为光能的半导体电子元件。发光二极管与普通二极管一样,是由一个 PN 结组成,也具有单向导电性。当给发光二极管加上正向电压后,从 P 区注入到 N 区的空穴和由 N 区注入到 P 区的电子,在 PN 结附近数微米内分别与 N 区的电子和 P 区的空穴复合,产生自发辐射的荧光。

要驱动 LED 直接控制 8050 三极管开关即可,也就是控制"LED_D0~LED_D3"引脚输出高低电平。因为"LED_D0~LED_D3"最终是连接到 CPU 的 GPIO 端口,通过查阅 S5P6818 芯片数据手册(如图 6-51 所示),需要控制 GPIO 端口输出高或低电平。高电平时三极管闭合，LED 灯点亮；低电平是三极管打开，LED 灯熄灭。实验现象说明如表 6-5 所示。

Ball	Name	Type	Alternate Function 0	Alternate Function 1	Alternate Function 2	Alternate Function 3
J23	DISD0	S	GPIOA1	DISD0	–	–
G21	DISD1	S	GPIOA2	DISD1	–	–
H21	DISD2	S	GPIOA3	DISD2	–	–
L23	DISD15	S	GPIOA16	DISD15	–	–
M21	DISD16	S	GPIOA17	DISD16	–	–
P22	DISD17	S	GPIOA18	DISD17	–	–

图 6-51　S5P6818 芯片数据手册截图

表 6-5　实验现象说明

电路网络标号	GPIO 端口	GPIO 状态	LED 灯状态
LED_D0	GPIOA16	GPIOA16=0(低电平)	D11 灯熄灭
		GPIOA16=1(高电平)	D11 灯点亮
LED_D1	GPIOA1	GPIOA1=0(低电平)	D12 灯熄灭
		GPIOA1=1(高电平)	D12 灯点亮
LED_D2	GPIOA2	GPIOA2=0(低电平)	D13 灯熄灭
		GPIOA2=1(高电平)	D13 灯点亮
LED_D3	GPIOA3	GPIOA3=0(低电平)	D14 灯熄灭
		GPIOA3=1(高电平)	D14 灯点亮

驱动 LED 灯的方法与驱动蜂鸣器类似，此处不再赘述。

6.5.3　实验现象

当实验平台成功运行 TF 卡中的控制程序时，可以看到实验平台上的 4 个 LED 指示灯会间隔约 500 ms 闪烁一次。

6.5.4　实验步骤

1. 导入工程

导入工程方法与先前类似，不再赘述，所要导入的工程目录位于资料包中的【ours-s5p6818-led】。

2. 编译工程

工程导入完成后，在工程上右键—>【Build Project】编译工程，编译的过程和结果会在 Console 窗口显示，最终生成 ours-s5p6818-ledpak.bin 文件，这是我们要使用的最终文件，如图 6-52、图 6-53 所示。

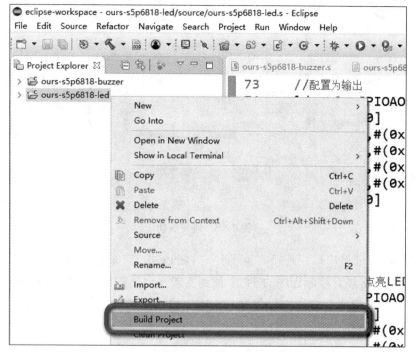

图 6-52 编译工程

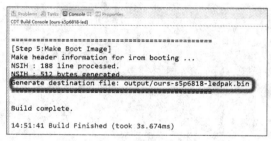

图 6-53 生成文件目录信息

3. 烧写运行

与前面实验烧写方法一致,右键以管理员权限运行烧写软件,选择编译生成的
ours-s5p6818-ledpak.bin 文件进行烧写,如图 6-54、图 6-55 所示。

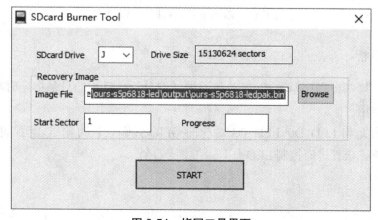

图 6-54 烧写工具界面

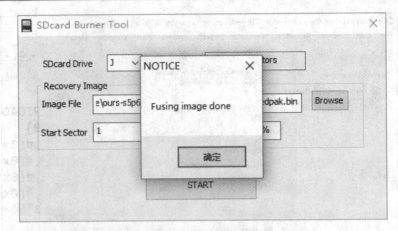

图 6-55　烧写成功

　　烧写完成后,通过串口线连接实验平台的 Debug 串口(最左上角 DB9 接口 J10),打开串口终端软件。将烧有控制程序的 TF 卡插到实验平台下侧的 TF 卡槽,给实验平台上电,即可执行,同时串口将会打印引导信息。若不出错误的情况下,将看到 4 个 LED 灯闪烁。串口信息如图 6-56 所示。

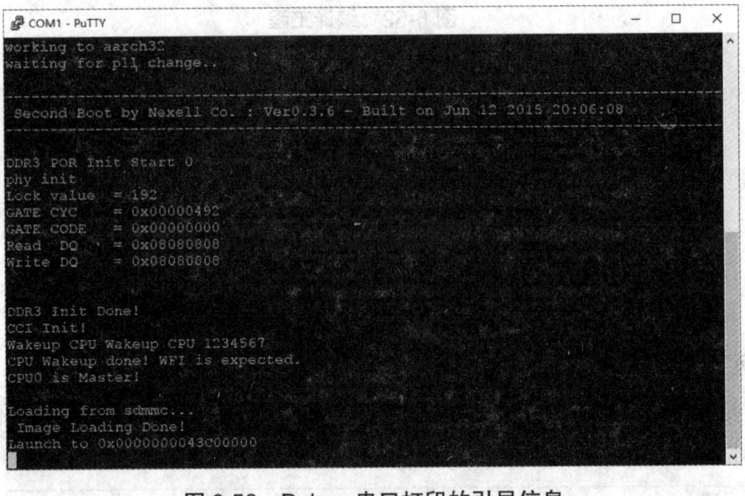

图 6-56　Debug 串口打印的引导信息

6.5.5　实验分析

　　此程序与蜂鸣器程序基本相同,此处不做详细分析。新加的只是将延时功能单独写了一个功能块调用。

　　大体流程是将 LED_D0~LED_D3 对应的 GPIO 管脚设置为输出,配置输出使能,输出相应电平控制三极管进而控制 LED 灯。

6.6　ARM 汇编按键控制蜂鸣器

6.6.1　实验目的

掌握获取 GPIO 端口输入状态方法,利用轮询方式采集按键状态,利用按键控制蜂鸣器。

6.6.2　实验原理

1. 硬件连接

本次实验中所用到的实验平台相关引脚及实验电路图如图 6-57 所示。

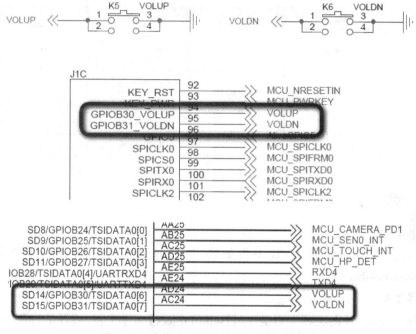

图 6-57　本次实验涉及的引脚及实验电路图

2. 逻辑原理

由于我们需要通过按键控制蜂鸣器,所以要将蜂鸣器和按键的 GPIO 口都初始化。蜂鸣器的硬件连接与控制方式文档前面已经说明,不再赘述。按键的功能类似开关,可实现电路通断控制,进而影响这个 GPIO 引脚的输入信号,此时 GPIO 配置为输入模式,即可从 MCU 内部寄存器读取该引脚的电平为 1 还是 0。

通过原理图可知,一旦将相应引脚设置为输入时,当按键按下时相应引脚与"地"导通,该引脚为低电平。因此只要 CPU 不断地读取相连引脚输入寄存器的值,便可采集到按键状态。

3. 控制过程

①首先将蜂鸣器所连接管脚配置为 GPIO 功能,并使能为输出,配置输出值为 0,使得

蜂鸣器初始状态为关闭。

②然后配置"VOL+"和"VOL-"按键所连接管脚为 GPIO 功能,并将其管脚配置为输入。

③创建死循环不断去判断按键引脚输入寄存器的值,一旦采集到"VOL+"按键"按下",即输入寄存器为"0"时,控制连接蜂鸣器管脚输出高电平打开蜂鸣器,一旦采集到"VOL-"按键"按下",即输入寄存器为"0"时,关闭蜂鸣器。

6.6.3　实验现象

当实验平台成功运行 TF 卡中的控制程序时,按下 VOL+ 按键蜂鸣器一直鸣响,按下VOL- 按键蜂鸣器关闭,如表 6-6 所示。

表 6-6　实验现象说明

丝印	网络标号	GPIO 端口	GPIO 状态	状态
BUZZER	BELL	GPIOA13	GPIOA13=0(低电平)	关闭蜂鸣器
			GPIOA13=1(高电平)	蜂鸣器鸣响
VOL+	VOLUP	GPIOB30	GPIOB30 输入 0(低电平)	按键按下
			GPIOB30 输入 1(高电平)	按键释放
VOL-	VOLDN	GPIOB31	GPIOB31 输入 0(低电平)	按键按下
			GPIOB31 输入 1(高电平)	按键释放

6.6.4　实验步骤

1. 导入工程

导入工程方法与先前类似,不再赘述,所要导入的工程目录位于资料包中的【ours-s5p6818-key-beep】。

2. 编译工程

工程导入完成后,在工程上右键—>【Build Project】编译工程,编译的过程和结果会在Console 窗口显示,最终生成 ours-s5p6818-key-beeppak.bin 文件,这是我们要使用的最终文件,如图 6-58、图 6-59 所示。

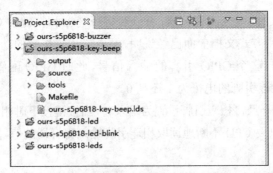

图 6-58　编译工程

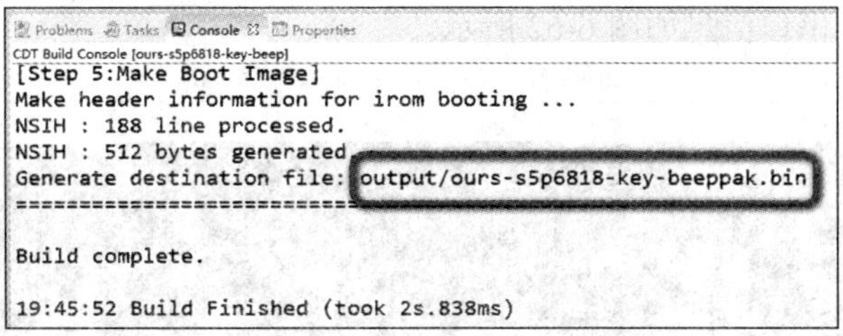

```
 Problems  Tasks  Console   Properties
CDT Build Console [ours-s5p6818-key-beep]
[Step 5:Make Boot Image]
Make header information for irom booting ...
NSIH : 188 line processed
NSIH : 512 bytes generated
Generate destination file: output/ours-s5p6818-key-beeppak.bin
================================
Build complete.

19:45:52 Build Finished (took 2s.838ms)
```

图 6-59　生成文件的目录

3. 烧写运行

与前面实验烧写方法一致,右键以管理员权限运行烧写软件,选择编译生成的 ours-s5p6818-key-beeppak.bin 文件进行烧写,如图 6-60、图 6-61 所示。

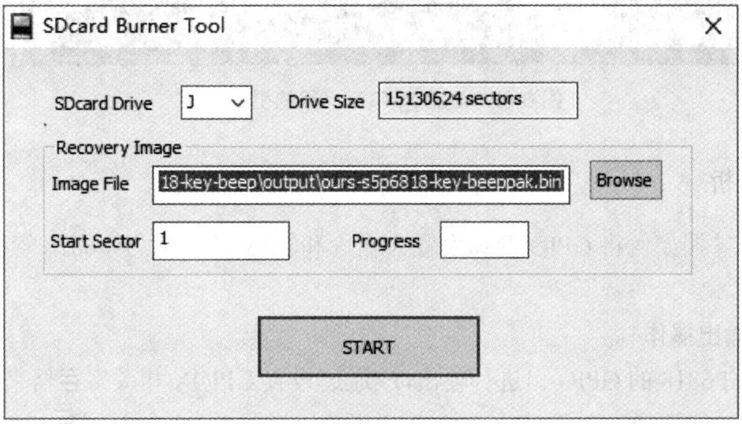

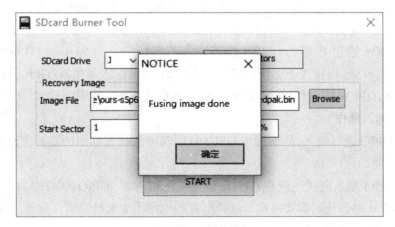

图 6-60　烧写软件界面

图 6-61　烧写成功

烧写完成后,通过串口线连接实验平台的 Debug 串口(最左上角 DB9 接口 J10),打开串口终端软件。将烧有控制程序的 TF 卡插到实验平台下侧的 TF 卡槽,给实验平台上电,即可执行,同时串口将会打印引导信息。若不出错误的情况下,按下 VOL+ 蜂鸣器响,按下

VOL- 蜂鸣器关闭。串口信息如图 6-62 所示。

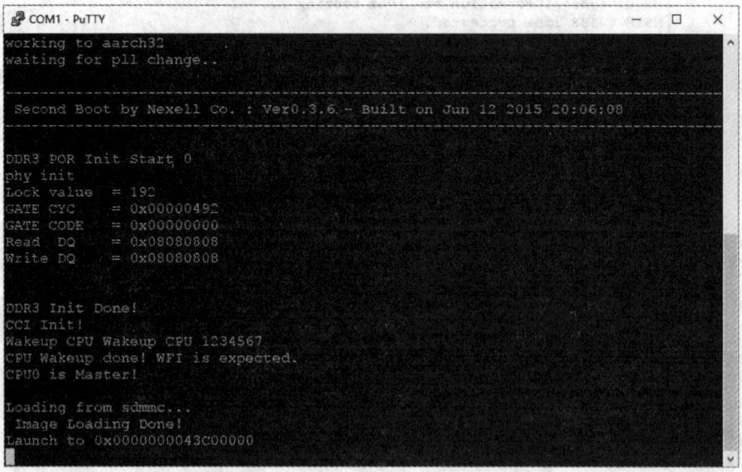

图 6-62　Debug 串口打印的引导信息

6.6.5　实验分析

首先需要掌握如何将 GPIO 管脚设置为输入和输出，下文对 S5P6818 管脚设置输入输出做简要说明。

1.GPIO 输出操作

要使用 S5P6818 的 GPIO 口进行输出，应通过设置 GPIOX 相关寄存器来选择 GPIO 功能。要将复用功能选择寄存器 GPIOxALTFN 相关位设置为 b'00，以选择 GPIO 功能。

另外，通过将 GPIOx 输出使能寄存器（GPIOxOUTENB）相关位设置为"1"以使能 GPIOx 输出模式。如果使用 GPIOx 输出寄存器 (GPIOxOUT) 设置所需的输出值（低电平："0"，高电平："1"），则该值反映到相应的位。

仅当 GPIOx 输出寄存器（GPIOxOUT）设置为"0"时，开漏引脚（GPIOB [7：4] 和 GPIOC [8]）才会在输出模式下工作。即使将 GPIOx 输出使能寄存器（GPIOxOUTENB）设置为输入模式，GPIOx 输出寄存器（GPIOxOUT）也可以使能开漏引脚。

2.GPIO 输入操作

要使用 GPIO 进行输入，应通过将 GPIO 复用功能选择寄存器的相关位设置为 b'00 来选择 GPIO 功能。

此外，GPIO 输入模式也应将 GPIOx 输出使能寄存器（GPIOxOUTENB）设置为"0"。通过使用 GPIOx 事件检测模式寄存器选择所需的检测类型来检测输入信号，可以检测 4 种类型的输入信号：低电平、高电平、下降沿和上升沿。

GPIOx 事件检测模式寄存器由 GPIOx 事件检测模式寄存器 0（GPIOxDETMODE0）和 GPIOx 事件检测模块 1（GPIOxDETMODE1）组成。

要使用中断，将 GPIOx 中断使能寄存器（GPIOxINTENB）设置为"1"。GPIOx 事件检测寄存器（GPIOxDET）允许通过 GPIO 检查事件的生成，并可以在发生中断时用作挂起清除功能。当 GPIOx PAD 状态寄存器（GPIOxPAD）设置为 GPIO 输入模式时，可以检查相关 GPIOxPAD 的电平。

仅当 GPIOx 输出寄存器（GPIOxOUT）设置为"1"时，开漏引脚（GPIOB [7：4] 和 GPIOC [8]）才在输入模式下工作。即使将 GPIOx 输出使能寄存器（GPIOxOUTENB）设置为输入模式，GPIOx 输出寄存器（GPIOxOUT）也可以使能开漏引脚。

3. 程序分析

采用轮询的方式处理，通过 VOL 按键控制蜂鸣器，VOL+ 按键控制蜂鸣器鸣响，VOL- 控制蜂鸣器关闭。

（1）初始化蜂鸣器

```
@ 初始化蜂鸣器
// 配置 GPIOA13 功能为 GPIO
ldr r0,=GPIOAALTFN0              @ 读取 GPIOA 的备用功能选择寄存器 GPIOA-
                                   ALTFN0
ldr r1,[r0]                     @ 先读出原值
bic r1,r1,#(0x3 << 26)          @bit[27:26] 清零,r1= r1 & (~0xC000000),GPIOAALTFN0_13
str r1,[r0]                     @ 写入 GPIOAALTFN0
// 配置 GPIOA13 为输出
ldr r0,=GPIOAOUTENB             @ 读 GPIOAOUTENB
ldr r1,[r0]                     @ 读出原值
orr r1,r1,#(0x1 << 13)         @ 置位 1,bit13;将 GPIOA13 设置为输出模式
str r1,[r0]                     @ 回写
// 初始关闭蜂鸣器
ldr r0,=GPIOAOUT               @ 读值
ldr r1,[r0]
bic r1,r1,#(0x1 << 13)        @ 设置 0,bit 13 配置为 0,输出低电平,关闭蜂鸣器
str r1,[r0]                    @ 回写
```

此段代码与先前无二,请参考前面章节。

（2）初始化按键

```
@ 初始化按键
// 将 GPIOB30,31 功能配置为 GPIO
ldr r0,=GPIOBALTFN1
ldr r1,[r0]
bic r1,r1,#(0xF << 28)        @ 清 0,GPIOBALTFN1 [31:30] [29:28]
orr r1,r1,#(0x5 << 28)        @ 置 1,GPIOBALTFN1 [31:30] [29:28] = 01 01
```

```
str r1,[r0]
// 配置 GPIO30,31 为输入
ldr r0,=GPIOBOUTENB
ldr r1,[r0]
bic r1,r1,#(0x3 << 30)          @清零 GPIOBOUTENB 相关寄存器,设置作为输入
str r1,[r0]
// 配置内部上拉
ldr r0,=GPIOB_PULLSEL
ldr r1,[r0]
orr r1,r1,#(0x3 << 30)
str r1,[r0]
// 禁用默认使能值,默认未使能
ldr r0,=GPIOB_PULLSEL_DISABLE_DEFAULT
ldr r1,[r0]
orr r1,r1,#(0x3 << 30)
str r1,[r0]
// 使能上拉
ldr r0,=GPIOB_PULLENB
ldr r1,[r0]
orr r1,r1,#(0x3 << 30)
str r1,[r0]
// 禁用默认使能值,默认未使能
ldr r0,=GPIOB_PULLENB_DISABLE_DEFAULT
ldr r1,[r0]
orr r1,r1,#(0x3 << 30)
str r1,[r0]
```

（3）按键检测

```
LOOP:
    // 按键按下
    ldr r0,=GPIOBPAD              @ 读取输入值
    ldr r1,=GPIOAOUT
    ldr r2,[r0]
    ldr r3,[r1]
    @ 测试 GPIOB30 是否变 0(VOLUP 按下 ),若是按下,EQ 置 1,否则 NE 置 1
```

```
        tst r2,#(0x1 << 30)
@ 将寄存器与另外一个寄存器的内容进行按位与的运算,根据结果更新 CPSR 中条
件标志位的值。
@ 它一般用来检测是否设置了特定的位。
        orreq r3,r3,#(0x1 << 13)
@ 若是 EQ 为 1,将 GPIOA13 置 1( 打开蜂鸣器 ),其他不变
        str r3,[r1]


        ldr r0,=GPIOBPAD
        ldr r1,=GPIOAOUT
        ldr r2,[r0]
        ldr r3,[r1]
        tst r2,#(0x1 << 31)
@ 测试 GPIOB30 是否变 0(VOLDN 按下 ),若是按下,EQ 置 1,否则 NE 置 1
        biceq r3,r3,#(0x1 << 13)
@ 若是 EQ 为 1,将 GPIOA13 置 0( 关闭蜂鸣器 ),其他不变
        str r3,[r1]
        b LOOP
```

GPIOBPAD 寄存器值反映了按键的状态,通过读取此寄存器值以获取按键状态,根据不同的状态控制蜂鸣器。

6.7　其他实验

本书提供了附加实验,学有余力的同学可以通过这些实验进行练习巩固。其他实验包括:

① ARM 汇编控制 LED 交替闪烁。

② ARM 汇编控制跑马灯。

③ ARM 汇编按键控制 LED 灯。

④ ARM 汇编控制继电器。

⑤ ARM 汇编控制系统复位。

⑥ ARM 汇编串口输出实验。

具体实验内容参见《嵌入式 ARM 裸机系统汇编实验手册 V0.9》(http://ics.nankai.edu.cn/embedded/assembly v0.9.pdf)。

第7章 ARM 裸机系统 C 语言实验

7.1 C 程序 LED 流水灯

7.1.1 实验目的

了解 C 语言工程基本结构,掌握 C 语言控制 LED 灯方法。

7.1.2 实验原理

C 语言程序与汇编程序所实现功能类似,只是编程语言更高级,其他启动引导等都一致,所以 C 语言程序烧写 TF 卡时,也需要按照先前方法格式化 TF 卡(如果先前已经按要求成功格式化 TF 卡,没有对卡做其他的格式化处理,可跳过格式化步骤)。

本节实验主要操作的是 GPIO,故在程序中将 GPIO 常用的操作封装为功能函数,便于使用,主要包含 gpio_set_cfg()、gpio_set_pull()、gpio_direction_output()、gpio_set_value() 几个函数,其底层也是通过操作寄存器实现。

1. 控制原理

硬件连接如图 7-1 所示。

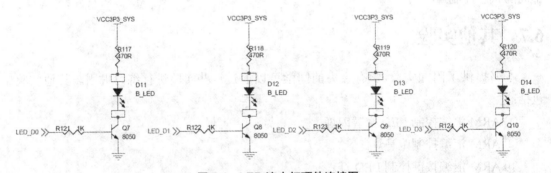

图 7-1 LED 流水灯硬件连接图

D[11:14] 对应 GPIO 如表 7-1 所示。

表 7-1 LED 灯对应 GPIO 端口

LED 指示灯	GPIO 端口
D11	GPIO_A16
D12	GPIO_A1
D13	GPIO_A2

续表

LED 指示灯	GPIO 端口
D14	GPIO_A3

当对应的 GPIO 口为高电平时,相应的 LED 灯被点亮,反之会灭。具体的驱动原理在前面已经说明不再赘述(参见 6.5.2 小节)。

2. 工程组织

所有的裸机 C 语言实例工程均按如下规则组织(如图 7-2 所示),文件说明如图 7-3 所示。

图 7-2　裸机 C 语言工程实例

① .obj 目录是编译过程中生成用于存放编译生成的 *.o 中间文件。

② include 目录用于存放库以及用户头文件。

③ output 目录是编译过程中生成,用于存放编译生成的输出文件。

④ source 目录用于存放库程序源码及用户程序源码。

⑤ tools 目录用于存放编译过程中需要用到的文件打包工具及 NSIH\2ndboot 引导文件镜像。

⑥ .cproject 文件是 Eclipse 工具生成的 C 工程配置文件。

⑦ .project 文件是 Eclipse 工具生成的工程配置文件。

⑧ link.ld 文件为链接脚本。

⑨ Makefile 文件为执行 make 命令时需要用到的脚本文件,其中主要包含如何编译和链接程序的规则说明。

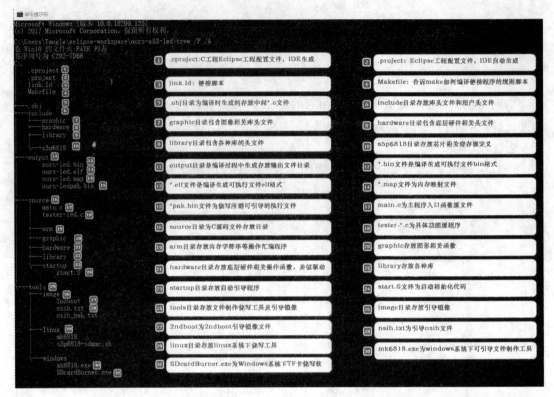

图 7-3　文件说明

7.1.3　实验现象

将 TF 卡插到 OURS-S5P6818 实验平台的下侧 TF 卡槽,给实验平台上电,可以看到 4 盏 LED 灯开始循环显示。我们可以通过设置 mdelay 函数的传入参数来调节流水时间间隔。

7.1.4　实验步骤

1. 导入工程

可以使用笔者提供的工程导入,也可以自行新建,若自行建立请注意目录结构。导入工程方法与先前类似,不再赘述,所要导入的工程目录位于资料包中的【ours-a53-led】。

2. 编译工程

工程导入完成后,在工程上右键—>【Build Project】编译工程,如图 7-4 所示。编译的过程和结果会在 Console 窗口显示,最终生成 ours-ledpak.bin 文件,这是我们要使用的最终文件,如图 7-5 所示。

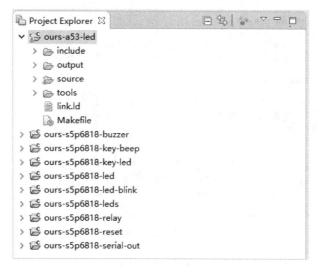

图 7-4　编译工程

```
Problems  Tasks  Console  Properties  Call Hierarchy
CDT Build Console [ours-a53-led]
[CC] source/graphic/maps/software/sw_utils.c
[CC] source/graphic/maps/software/sw_vline.c
[LD] Linking output/ours-led.elf
[OC] Objcopying output/ours-led.bin
copy from `output/ours-led.elf' [elf32-littlearm] to `output/ours-led.bin' [binary]
Make header information for irom booting
NSIH : 188 line processed.
NSIH : 512 bytes generated
Generate destination file: output/ours-ledpak.bin

11:07:09 Build Finished (took 1m:16s.100ms)
```

图 7-5　生成文件

3. 烧写运行

右键以管理员权限运行工程目录下的 tools/windows/SDcardBurner.exe 烧写软件,选择编译生成的 ours-ledpak.bin 文件进行烧写,如图 7-6、图 7-7 所示。

```
SDcard Burner Tool                                          ×

   SDcard Drive   [ J  ∨ ]   Drive Size  [ 15130624 sectors ]

   ┌─ Recovery Image ────────────────────────────────────────┐
   │                                                          │
   │  Image File  [ pse-workspace\ours-a53-led\output\ours-ledpak.bin ]  [ Browse ]
   │                                                          │
   │  Start Sector  [ 1 ]              Progress  [        ]   │
   │                                                          │
   └──────────────────────────────────────────────────────────┘

                      [        START        ]
```

图 7-6　选择文件

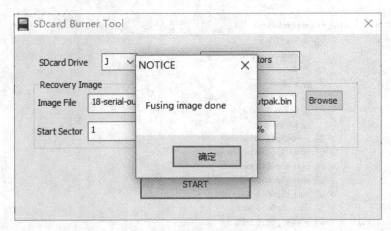

图 7-7　烧写完成

烧写完成后,通过串口线连接实验平台的 Debug 串口(最左上角 DB9 接口 J10),打开串口终端软件。将烧有程序的 TF 卡插到实验平台下侧的 TF 卡槽,给实验平台上电,即可执行,同时串口将会打印引导信息,如图 7-8 所示。正确运行将看到 4 个 LED 循环显示。

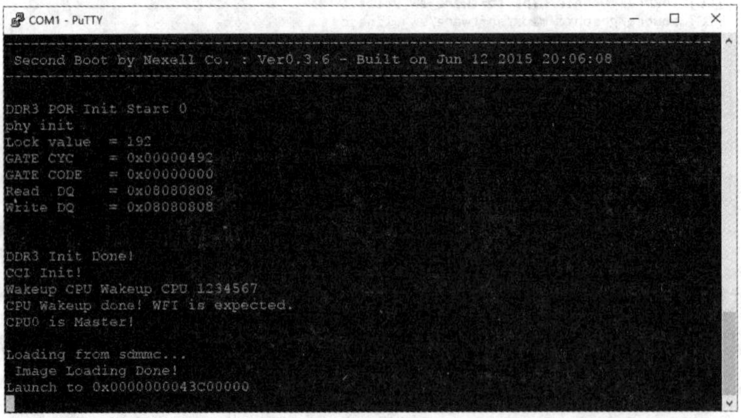

图 7-8　实验结果

7.1.5　程序分析

这里是我们学习裸机 C 语言的第一个示例,我们会将源码中每一个文件都详细介绍。在 main() 主函数中, do_system_initial 函数首先会调用 led_initial 函数初始化 led,再通过 tester_led 函数控制相应 LED 的亮与灭。在整个 main 函数中,关键在于 tester_led 函数中的 while(1) 这个死循环,每隔 300 ms 设置一次 LED 灯状态,时间间隔通过延时函数 mdelay 实现,LED 灯的状态通过变量 index 实现。

1. 源码解读

LED 初始化函数如下:

```
void led_initial(void)
```

```
{
    /* LED1 */
    gpio_set_cfg(S5P6818_GPIOA(16), 0);
    gpio_set_pull(S5P6818_GPIOA(16), GPIO_PULL_UP);
    gpio_direction_output(S5P6818_GPIOA(16), 0);
    gpio_set_value(S5P6818_GPIOA(16), 0);
    /* LED2 */
    gpio_set_cfg(S5P6818_GPIOA(1), 0);
    gpio_set_pull(S5P6818_GPIOA(1), GPIO_PULL_UP);
    gpio_direction_output(S5P6818_GPIOA(1), 0);
    gpio_set_value(S5P6818_GPIOA(1), 0);
    /* LED3 */
    gpio_set_cfg(S5P6818_GPIOA(2), 0);
    gpio_set_pull(S5P6818_GPIOA(2), GPIO_PULL_UP);
    gpio_direction_output(S5P6818_GPIOA(2), 0);
    gpio_set_value(S5P6818_GPIOA(2), 0);
    /* LED4 */
    gpio_set_cfg(S5P6818_GPIOA(3), 0);
    gpio_set_pull(S5P6818_GPIOA(3), GPIO_PULL_UP);
    gpio_direction_output(S5P6818_GPIOA(3), 0);
    gpio_set_value(S5P6818_GPIOA(3), 0);
}
```

这里针对每一个 GPIO 口都设置了几个寄存器,以 LED1(D11) 为例讲解,其他类似。gpio_set_cfg 函数用于将 GPIO_A16 设置为 GPIO 功能, gpio_set_pull 函数用于将 GPIO_A16 设置为上拉, gpio_direction_output 函数用于将 GPIO_A16 设置为输出,且默认输出低电平为 0, gpio_set_value 函数用于 GPIO_A16 设置为低电平。

上述 LED 初始化函数将 4 组 GPIO 设置为输出,同时都设置为低电平,使能上拉。根据硬件电路分析,初始化之后,4 盏 LED 灯都会熄灭。紧接着通过 LED 设置函数 led_set_status () 控制 LED 的亮与灭,对应程序如下。

```
void led_set_status(enum led_name name, enum led_status status)
{
    switch(name)
    {
    case LED_NAME_LED1:
```

```
            if(status == LED_STATUS_ON)
                gpio_direction_output(S5P6818_GPIOA(16), 1);
            else if(status == LED_STATUS_OFF)
                gpio_direction_output(S5P6818_GPIOA(16), 0);
            break;
        case LED_NAME_LED2:
            if(status == LED_STATUS_ON)
                gpio_direction_output(S5P6818_GPIOA(1), 1);
            else if(status == LED_STATUS_OFF)
                gpio_direction_output(S5P6818_GPIOA(1), 0);
            break;
        case LED_NAME_LED3:
            if(status == LED_STATUS_ON)
                gpio_direction_output(S5P6818_GPIOA(2), 1);
            else if(status == LED_STATUS_OFF)
                gpio_direction_output(S5P6818_GPIOA(2), 0);
            break;
        case LED_NAME_LED4:
            if(status == LED_STATUS_ON)
                gpio_direction_output(S5P6818_GPIOA(3), 1);
            else if(status == LED_STATUS_OFF)
                gpio_direction_output(S5P6818_GPIOA(3), 0);
            break;
        default:
            break;
    }
}
```

该函数有两个传入参数 name 和 status。name 对应第几盏灯，status 表示 LED 的亮与灭。亮时，将相应 GPIO 置高，灭时则置低。本程序巧妙的运用了变量 index，通过它来实现 4 盏灯依次被点亮。详细机理读者可仔细琢磨源码中的 while(1) 死循环程序。到此，整个 main 函数结束。

通过 IDE 的代码跟踪功能可以查找到 gpio_set_cfg 等几个函数是调用"s5p6818-gpio.c"中的 s5p6818_gpiochip_set_cfg 等函数，而继续跟踪会发现最终是调用"_ _read32""_ _write32"内联函数直接操作寄存器，与汇编程序中类似。

前面的源码路径中，列出了很多源文件，而真正干活的好像只有 main.c 一个文件，那么其他文件是否可以删掉不用？答案是否定的，在嵌入式平台上，并不像单片机那样简单地写一个 main 函数就完了，我们还需要实现内存、看门狗、中断等的初始化，实现源码的自拷贝等。在使用 eclipse 编译时，还需要相应的链接文件，makefile 指定源码的编译和目标的生成。

2. 链接脚本

链接脚本与汇编程序中的链接脚本类似，稍有区别。

```
OUTPUT_FORMAT("elf32-littlearm", " elf32-bigarm", "elf32-littlearm")
```

一般格式为 OUTPUT_FORMAT（default，big，little）；本例中指定输出可执行文件是 elf 格式，32 位 ARM 指令，小端格式；使用 3 个的 OUTPUT_FORMAT 命令，可以通过 -EB 和 -EL 命令选项确定出书文件的不同的格式。如果两个命令选项均没有使用，则输出的目标文件使用 default 确定的格式，本例子中即使用 elf32-littlearm 的格式，如果使用了 -EB 命令选项，则使用 big 对应的格式进行输出，如果使用了 -EL 选项则使用 little 确定的格式进行输出。

```
OUTPUT_ARCH(arm)
```

用于指定一个特定的输出文件的体系结构，本例中指定输出可执行文件的平台为 ARM。

```
ENTRY(_start)
```

该命令用于设定入口点，指定用户程序执行的第一条指令，本例指定输出可执行文件的起始代码段为 _start，_start 标号在启动文件 start.S 中，在 start.S 文件的最后有如下代码段。

```
        /* Call _main */
        ldr r1, = _main
        mov pc, r1
_main:
        mov r0, #1;
        mov r1, #0;
        bl main
        b _main
```

在引导程序最后跳转到 C 程序的入口点 main 函数。

```
MEMORY
 {
        rom(rx) : org = 0x43c00000, len = 0x02000000    /* 32 MB */
```

```
        ram(rwx): org = 0x45100000, len = 0x0a000000   /* 160 MB */
    }
    SECTIONS
    {
        .text :
        {
            PROVIDE(_ _ image_start = .);
            PROVIDE(_ _ text_start = .);
            .obj/source/startup/start.o (.text)
            *(.text*)
            *(.glue*);
            *(.init.text)
            *(.exit.text)
            PROVIDE(_ _ text_end = .);
        } > rom
        .rodata ALIGN(8) :
        {
            PROVIDE(_ _ rodata_start = .);
            *(SORT_BY_ALIGNMENT(SORT_BY_NAME(.rodata*)))
            PROVIDE(_ _ rodata_end = .);
        } > rom
```

SECTIONS 字段地址划分与之前汇编程序链接脚本类似,只是写法稍有不同。在划分地址之前使用 MEMORY 内存区域命令定义了 ROM 和 RAM 存储区及其属性,将 SECTIONS 中的不同区段存储到 MEMORY 定义的存储区中。

3.Makefile 文件

Makefile 文件与先前无二,只是使用了更多的变量定义,依赖规则展开稍微复杂,编译过程基本一致,首先通过 *.h、*.c、*.S 文件编译生成 *.o 文件,再将 *.o 文件根据链接文件规则链接成 *.elf 文件,接着使用 objcopy 将 *.elf 文件转换成 *.bin 文件,最后使用 mk6818 工具将 *.bin 文件与 NSIH、2ndboot 引导镜像组合成 *pak.bin 文件。

7.2　C 程序蜂鸣器控制

7.2.1　实验目的

掌握 C 语言控制蜂鸣器方法。

7.2.2　实验原理

蜂鸣器电路图如图 7-9 所示。

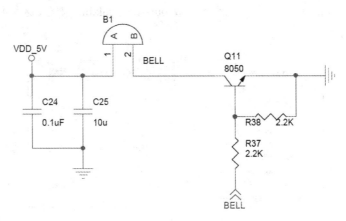

图 7-9　蜂鸣器电路图

电路通过一个 NPN 的三级管控制蜂鸣器的停止与蜂鸣,如表 7-2 所示。

表 7-2　控制蜂鸣器状态

GPIO 状态	蜂鸣器状态
GPIO_A13=0（低电平）	停止蜂鸣
GPIO_A13=1（高电平）	蜂鸣

程序主要源代码位置:

```
\ours-a53-beep\source\main.c
\ours-a53-beep\source\tester-beep.c
```

在 main 函数中,调用 beep_initial 函数初始化控制蜂鸣器的 GPIO 口,配置方法与上节一致,然后进入 while(1) 死循环,每隔约 1000 ms 蜂鸣器状态改变一次,实现反复停止、蜂鸣的功能。

7.2.3　实验现象

将烧写了控制程序的 TF 卡插到实验平台 TF 卡槽,上电开机,可以听到每隔约 1000 ms,蜂鸣器会鸣叫一次。

7.2.4　实验步骤

1. 导入工程

导入工程方法与先前类似,不再赘述,所要导入的工程目录位于资料包中的【ours-a53-

beep】。

2. 编译工程

工程导入完成后，在工程上右键—>【Build Project】编译工程，如图 7-10 所示。编译的过程和结果会在 Console 窗口显示，最终生成 ours-beeppak.bin 文件，这是我们要使用的最终文件，如图 7-11 所示。

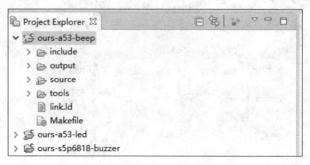

图 7-10　编译工程

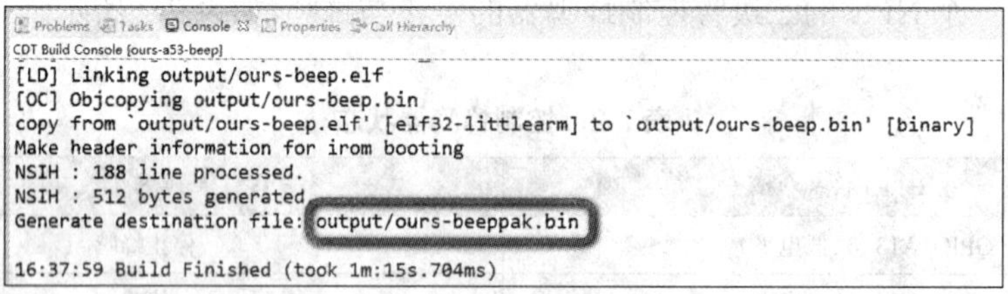

图 7-11　生成文件

3. 烧写运行

右键以管理员权限运行工程目录下的 tools/windows/SDcardBurner.exe 烧写软件，选择编译生成的 ours-beeppak.bin 文件进行烧写。

烧写完成后，通过串口线连接实验平台的 Debug 串口（最左上角 DB9 接口 J10），打开串口终端软件。将烧有程序的 TF 卡插到实验平台下侧的 TF 卡槽，给实验平台上电，即可执行，同时串口将会打印引导信息，正确运行将听到蜂鸣器鸣响。

7.3　C 程序复位控制

7.3.1　实验原理

系统中具有一个 RESET 复位按键，可以通过此按键复位 CPU，普通复位均需一段时间等待时钟稳定。S5P6818 同时支持软件复位模式，其好处是可直接在程序中控制芯片复位，不需要时间来稳定时钟，因为软件复位请求处于稳定状态，与上电复位不同。

程序代码中直接操作电源控制寄存器和电源模式控制寄存器实现软件复位。

```
write32(phys_to_virt(S5P6818_SYS_PWRCONT), (read32(phys_to_virt(S5P6818_SYS_
PWRCONT)) & ~(0x1<<3)) | (0x1<<3));
    write32(phys_to_virt(S5P6818_SYS_PWRMODE), (read32(phys_to_virt(S5P6818_SYS_
PWRMODE)) & ~(0x1<<12)) | (0x1<<12));
```

7.3.2　实验现象

将烧写了控制程序的 TF 卡插到实验平台 TF 卡槽，上电开机，可以看到串口打印倒计时信息，倒计时完毕，系统将重启。

7.3.3　实验步骤

1. 导入工程

导入工程方法与先前类似，不再赘述，所要导入的工程目录位于资料包中的【ours-a53-reset】。

2. 编译工程

工程导入完成后，在工程上右键—>【Build Project】编译工程，编译的过程和结果会在 Console 窗口显示，最终生成 ours-resetpak.bin 文件，这是我们要使用的最终文件。

3. 烧写运行

右键以管理员权限运行工程目录下的 tools/windows/SDcardBurner.exe 烧写软件，选择编译生成的 ours-resetpak.bin 文件，start sector 输入 1，点击烧写。

烧写完成后，通过串口线连接实验平台的 Debug 串口（最左上角 DB9 接口 J10），打开串口终端软件。将烧有程序的 TF 卡插到实验平台下侧的 TF 卡槽，给实验平台上电，即可执行，同时串口将会打印信息，倒计时完毕后系统自动重启，实验结果如图 7-12 所示。

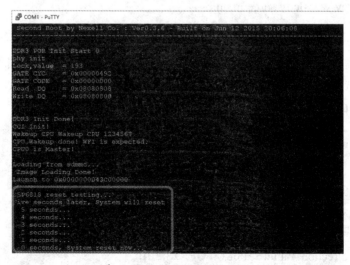

图 7-12　实验结果

7.4　C 程序按键控制 LED

7.4.1　实验原理

按键及 LED 的驱动控制原理在前面的章节已说明，不再赘述如表 7-3 所示。

表 7-3　按键控制 LED

GPIO 端口	GPIO 状态	状态
GPIO_B30	GPIOB30 输入 0（低电平）	按键按下
GPIO_B30	GPIOB30 输入 1（高电平）	按键释放
GPIO_B31	GPIOB31 输入 0（低电平）	按键按下
GPIO_B31	GPIOB31 输入 1（高电平）	按键释放
GPIO_A16	GPIOA16=0（低电平）	D11 灯熄灭
GPIO_A16	GPIOA16=1（高电平）	D11 灯点亮
GPIO_A1	GPIOA1=0（低电平）	D12 灯熄灭
GPIO_A1	GPIOA1=1（高电平）	D12 灯点亮
GPIO_A2	GPIOA2=0（低电平）	D13 灯熄灭
GPIO_A2	GPIOA2=1（高电平）	D13 灯点亮
GPIO_A3	GPIOA3=0（低电平）	D14 灯熄灭
GPIO_A3	GPIOA3=1（高电平）	D14 灯点亮

主要的控制逻辑在如下代码。

```
ours-a53-key-with-led\source\main.c
ours-a53-key-with-led\source\ tester-key-with-led.c
```

由于我们需要通过按键控制 LED，所以要将 LED 和按键的 GPIO 口都初始化。这里我们保留了上一章节的控制 LED 的程序，因此，在 main 函数中，通过 led_init、key_init 函数初始化对应的 IO 口。

```
void key_initial(void)
{
    /* VOL_UP */
    gpio_set_cfg(S5P6818_GPIOB(30), 1);
    gpio_set_pull(S5P6818_GPIOB(30), GPIO_PULL_UP);
    gpio_direction_input(S5P6818_GPIOB(30));
    /* VOL_DOWN */
```

```
        gpio_set_cfg(S5P6818_GPIOB(31), 1);
        gpio_set_pull(S5P6818_GPIOB(31), GPIO_PULL_UP);
        gpio_direction_input(S5P6818_GPIOB(31));
    }
```

紧接着进入 while(1)死循环,不断地轮询判断 VOL+、VOL- 两个按键。默认这两个键没有按下时,置两个 LED 为低。一旦有键按下,点亮对应 LED 灯,从而达到按键控制 LED 的目的。

7.4.2　实验现象

将烧写了控制程序的 TF 卡插到实验平台 TF 卡槽,上电开机,默认情况下,4 盏 LED 灯都为灭的状态。按下 VOL+ 键,对应的 LED0、LED1 会被点亮,按下 VOL- 键,LED2、LED3 灯会被点亮,松开即灭。

7.4.3　实验步骤

1. 导入编译工程

通过 Eclipse 导入 ours-a53-key-with-led 工程;工程导入完成后,在工程上右键—>【Build Project】编译工程,编译的过程和结果会在 Console 窗口显示,最终生成 ours-a53-key-with-ledpak.bin 文件,这是我们要使用的镜像文件。

2. 烧写运行

右键以管理员权限运行工程目录下的 tools/windows/SDcardBurner.exe 烧写软件,选择编译生成的 ours-a53-key-with-ledpak.binn 文件进行烧写。

烧写完成后,通过串口线连接实验平台的 Debug 串口(最左上角 DB9 接口 J10),打开串口终端软件。将烧有程序的 TF 卡插到实验平台下侧的 TF 卡槽,给实验平台上电,即可执行,按下 VOL 按键观察现象。

7.5　C 程序按键控制 LED 和蜂鸣器

7.5.1　实验原理

这里只是在程序中控制 LED 的同时,也控制了蜂鸣器,原理大同小异(如表 7-4 所示)。

表 7-4　按键控制 LED 和蜂鸣器

GPIO 端口	GPIO 状态	状态
GPIO_B30	GPIOB30 输入 0(低电平)	按键按下
	GPIOB30 输入 1(高电平)	按键释放

续表

GPIO 端口	GPIO 状态	状态
GPIO_B31	GPIOB31 输入 0（低电平）	按键按下
	GPIOB31 输入 1（高电平）	按键释放
GPIO_A16	GPIOA16=0（低电平）	D11 灯熄灭
	GPIOA16=1（高电平）	D11 灯点亮
GPIO_A1	GPIOA1=0（低电平）	D12 灯熄灭
	GPIOA1=1（高电平）	D12 灯点亮
GPIO_A2	GPIOA2=0（低电平）	D13 灯熄灭
	GPIOA2=1（高电平）	D13 灯点亮
GPIO_A3	GPIOA3=0（低电平）	D14 灯熄灭
	GPIOA3=1（高电平）	D14 灯点亮
GPIO_A13	GPIO_A13=0（低电平）	停止蜂鸣
	GPIO_A13=1（高电平）	蜂鸣

主要的控制逻辑在如下代码。

```
ours-a53-key-with-led-beep\source\main.c
ours-a53-key-with-led-beep\source\ tester-key-with-led-beep.c
```

7.5.2　实验现象

将烧写了控制程序的 TF 卡插到实验平台 TF 卡槽,上电开机,默认情况下, 4 盏 LED 灯及蜂鸣器都为灭的状态。按下 VOL+ 键,对应的 LED0、LED1 会被点亮,蜂鸣器鸣响;按下 VOL- 键,LED2、LED3 灯会被点亮,蜂鸣器鸣响;松开即灭。

7.5.3　实验步骤

1. 导入编译工程

通过 Eclipse 导入 ours-a53-key-with-led-beep 工程;工程导入完成后,在工程上右键—>【Build Project】编译工程,编译的过程和结果会在 Console 窗口显示,最终生成 ours-a53-key-with-led-beeppak.bin 文件,这是我们要使用的镜像文件。

2. 烧写运行

右键以管理员权限运行工程目录下的 tools/windows/SDcardBurner.exe 烧写软件,选择编译生成的 ours-a53-key-with-led-beeppak.binn 文件进行烧写。

烧写完成后,通过串口线连接实验平台的 Debug 串口(最左上角 DB9 接口 J10),打开串口终端软件。将烧有程序的 TF 卡插到实验平台下侧的 TF 卡槽,给实验平台上电,即可执行,按下 VOL 按键观察现象。

7.6　C 程序 LED 模拟心脏跳动

7.6.1　实验原理

这里只是在程序中控制 LED 的同时,也控制了蜂鸣器,原理大同小异(如表 7-5 所示)。

表 7-5　按键控制 LED 和蜂鸣器

GPIO 端口	GPIO 状态	状态
GPIO_A16	GPIOA16=0(低电平)	D11 灯熄灭
	GPIOA16=1(高电平)	D11 灯点亮

主要的控制逻辑在如下代码。

```
ours-a53-timer-led-heartbeat\source\main.c

ours-a53-timer-led-heartbeat\source\ tester-timer-led-heartbeat.c

ours-a53-timer-led-heartbeat\source\hardware\ s5p4418-tick.c
```

在主函数 main() 中,首先调用 do_system_initial 函数初始化一系列硬件相关寄存器,然后通过 tester_timer_led_heartbeat 函数进入死循环。值得注意的是,在 tester_timer_led_heartbeat 函数中,没有做任何事情,直接进入死循环。那么真正的程序在哪里执行的呢?

事实上,这里利用了定时器功能。在 s5p6818-tick.c 中,s5p6818_tick_initial 函数申请了一个定时器中断,中断服务线程为 timer_interrupt,在 timer_interrupt 函数中调用 led_heartbeat_task 函数,进而控制 LED 灯。

7.6.2　实验现象

将烧写了镜像的 TF 卡插到实验平台 TF 卡槽,上电开机,可以看到第一盏灯就像心脏一样不断跳动。读者可以自行分析其机理。

7.6.3　实验步骤

1. 导入编译工程

通过 Eclipse 导入 ours-a53-timer-led-heartbeat 工程;工程导入完成后,在工程上右键—>【Build Project】编译工程,编译的过程和结果会在 Console 窗口显示,最终生成 ours-a53-timer-led-heartbeatpak.bin 文件,这是我们要使用的镜像文件。

2. 烧写运行

右键以管理员权限运行工程目录下的 tools/windows/SDcardBurner.exe 烧写软件,选择编译生成的 ours-a53-timer-led-heartbeatpak.binn 文件进行烧写。

烧写完成后,通过串口线连接实验平台的 Debug 串口(最左上角 DB9 接口 J10),打开

串口终端软件。将烧有程序的 TF 卡插到实验平台下侧的 TF 卡槽,给实验平台上电,即可
执行,观察第一个 LED 灯的闪烁情况。

7.7　C 程序按键中断

7.7.1　实验原理

这里只是在程序中通过中断的方式采集按键状态控制 LED 和蜂鸣器,LED 与蜂鸣器
控制原理不变。采用中断方式的好处是避免了 CPU 轮询,节省 CPU 的资源开销。一般实
际应用中均采用中断方式处理。

主要的控制逻辑在如下代码。

```
ours-a53-key-interrupt\source\main.c
ours-a53-key-interrupt\source\tester-key-interrupt.c
```

在主函数 main() 中,通过 do_system_initial 函数初始化硬件相关寄存器,再调用 tester_
key_interrupt 函数实现按键中断。在 tester_key_interrupt 函数中,首先初始化对应按键的
GPIO 口,再调用 request_irq() 请求中断服务函数,当按下对应按钮时,中断服务函数 gpio*_
interrupt_func 被触发,执行相应控制,同时会在串口上打印相关信息。

```
request_irq("GPIOB30", gpiob30_interrupt_func, IRQ_TYPE_EDGE_FALLING, 0);
request_irq("GPIOB31", gpiob31_interrupt_func, IRQ_TYPE_EDGE_FALLING, 0);
```

申请中断服务函数,下降沿触发中断,即按下按键时触发(注意触发类型设置)。

7.7.2　实验现象

将烧写了镜像的 TF 卡插到实验平台 TF 卡槽,上电开机,串口会打印提示信息,当按
下 VOL+ 按键时触发中断,4 个 LED 被点亮,按下 VOL- 按键时蜂鸣器被打开。

7.7.3　实验步骤

1. 导入编译工程

通过 Eclipse 导入 ours-a53-key-interrupt 工程;工程导入完成后,在工程上右键—>
【Build Project】编译工程,编译的过程和结果会在 Console 窗口显示,最终生成 ours-a53-key-
interruptpak.bin 文件,这是我们要使用的镜像文件。

2. 烧写运行

右键以管理员权限运行工程目录下的 tools/windows/SDcardBurner.exe 烧写软件,选择
编译生成的 ours-a53-key-interruptpak.bin 文件进行烧写。

烧写完成后,通过串口线连接实验平台的 Debug 串口(最左上角 DB9 接口 J10),打开
串口终端软件。将烧有程序的 TF 卡插到实验平台下侧的 TF 卡槽,给实验平台上电,串口

会输出打印信息,可按下 VOL 按键观察现象,实验结果如图 7-13 所示。

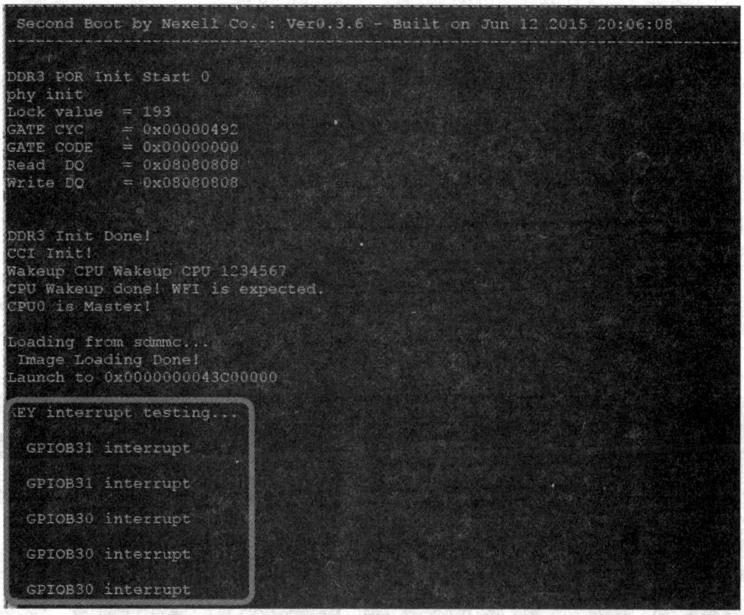

图 7-13　实验结果

7.8　C 程序串口 shell

7.8.1　实验原理

此实验通过初始化串口,实现串口通信,并完成简单 shell 交互。串口初始化在汇编章节中已经说明,更详细的说明请参考数据手册。主要的控制逻辑如下。

> ours-a53-serial-shell\source\main.c
>
> ours-a53-serial-shell\source\tester-serial-shell.c

在主函数 main 中通过 do_system_initial 初始化相关寄存器,然后调用 tester_serial_shell 函数测试串口 shell 指令。此实验只是做了非常简单的命令交互以展示此功能。

7.8.2　实验现象

将烧写了镜像的 TF 卡插到实验平台 TF 卡槽,上电开机,串口会打印提示信息,输入 shell 测试命令查看返回信息,命令有 help、clear、hello 三个。

7.8.3　实验步骤

1. 导入编译工程

通过 Eclipse 导入 ours-a53-serial-shell 工程;工程导入完成后,在工程上右键—>【Build

Project】编译工程,编译的过程和结果会在 Console 窗口显示,最终生成 ours-a53-serial-shellpak.bin 文件,这是我们要使用的镜像文件。

2. 烧写运行

右键以管理员权限运行工程目录下的 tools/windows/SDcardBurner.exe 烧写软件,选择编译生成的 ours-a53-serial-shellpak.bin 文件进行烧写。

烧写完成后,通过串口线连接实验平台的 Debug 串口(最左上角 DB9 接口 J10),打开串口终端软件。将烧有程序的 TF 卡插到实验平台下侧的 TF 卡槽,给实验平台上电,串口会输出打印信息,依次输入 help、hello 测试,最后输入 clear 清除回显,实验结果如图 7-14 所示。

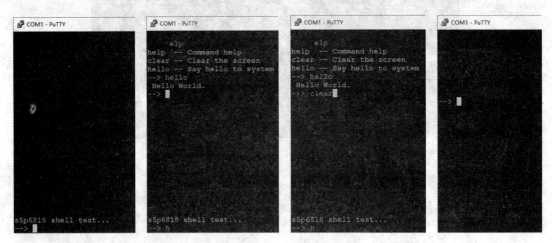

图 7-14　实验结果

7.9　C 程序串口输入实验

7.9.1　实验原理

主要的控制逻辑在如下。

```
ours-a53-serial-echo\source\main.c
ours-a53-serial-echo\source\tester-serial-echo.c
```

在主函数 main() 中,通过 do_system_initial 函数调用 s5p4418_serial_initial 函数初始化串口,再调用 tester_serial_echo 函数实现串口监控。

7.9.2　实验现象

将烧写了镜像的 TF 卡插到实验平台 TF 卡槽,上电开机,串口会有打印信息提示。这时我们按下 PC 的键盘,实验平台能监测到对应按键并回显出来。

7.9.3　实验步骤

1. 导入编译工程

通过 Eclipse 导入 ours-a53-serial-echo 工程；工程导入完成后，在工程上右键—>【Build Project】编译工程，编译的过程和结果会在 Console 窗口显示，最终生成 ours-a53-serial-echopak.bin 文件，这是我们要使用的镜像文件。

2. 烧写运行

右键以管理员权限运行工程目录下的 tools/windows/SDcardBurner.exe 烧写软件，选择编译生成的 ours-a53-serial-echopak.bin 文件进行烧写。

烧写完成后，通过串口线连接实验平台的 Debug 串口（最左上角 DB9 接口 J10），打开串口终端软件。将烧有程序的 TF 卡插到实验平台下侧的 TF 卡槽，给实验平台上电，串口会输出打印信息，按下 PC 上键盘按键，实验平台能监测到对应按键并回显出来，实验结果如图 7-15 所示。

图 7-15　实验结果

7.10　C 程序移植 printf 函数实验

7.10.1　实验原理

主要的控制逻辑在如下代码。

```
ours-a53-serial-stdio\source\main.c
ours-a53-serial-stdio\source\tester-serial-stdio.c
```

在主函数 main() 中，通过 do_system_initial 函数调用 s5p6818_serial_initial 函数初始化四路串口，通过 tester_serial_stdio 函数测试串口 0，如果需要测试其他串口，只须在 tester_ serial_stdio 函数中，将 s5p6818_serial_write_string 和 serial_printf 的第一个传入参数改为想要测试的串口即可。

7.10.2　实验现象

将烧写了镜像的 TF 卡插到实验平台 TF 卡槽，上电开机，串口会不断打印信息。

7.10.3　实验步骤

1. 导入编译工程

通过 Eclipse 导入 ours-a53-serial-stdio 工程；工程导入完成后，在工程上右键—>【Build Project】编译工程，编译的过程和结果会在 Console 窗口显示，最终生成 ours-a53-serial-stdiopak.bin 文件，这是我们要使用的镜像文件。

2. 烧写运行

右键以管理员权限运行工程目录下的 tools/windows/SDcardBurner.exe 烧写软件，选择编译生成的 ours-a53-serial-stdiopak.bin 文件进行烧写。

烧写完成后，通过串口线连接实验平台的 Debug 串口（最左上角 DB9 接口 J10），打开串口终端软件。将烧有程序的 TF 卡插到实验平台下侧的 TF 卡槽，给实验平台上电，串口会不断输出打印信息，实验结果如图 7-16 所示。

图 7-16　实验结果

第 8 章　嵌入式 Linux 实验

8.1　编译 U-Boot 实验

8.1.1　实验目的

掌握 U-Boot 编译方法。

8.1.2　实验内容

编译 ARM Linux 的 U-Boot。

8.1.3　实验设备

硬件:配置完开发环境 Ubuntu 虚拟机的 PC 机 1 台。

软件:U-Boot 源码包。

8.1.4　实验原理

1.U-Boot 简介

U-Boot,全称 Universal Boot Loader,是遵循 GPL 条款的开放源码项目。从 FADS-ROM、8xxROM、PPCBOOT 逐步发展演化而来。其源码目录、编译形式与 Linux 内核很相似,事实上,不少 U-Boot 源码就是相应的 Linux 内核源程序的简化,尤其是一些设备的驱动程序,这从 U-Boot 源码的注释中能体现这一点。

U-Boot 不仅仅支持嵌入式 Linux 系统的引导,还支持 NetBSD、VxWorks、QNX、RTEMS、ARTOS、LynxOS、Android 嵌入式操作系统。其目前要支持的目标操作系统是 OpenBSD、NetBSD、FreeBSD、4.4BSD、Linux、SVR4、Esix、Solaris、Irix、SCO、Dell、NCR、Vx-Works、LynxOS、pSOS、QNX、RTEMS、ARTOS、Android。这是 U-Boot 中 Universal 的一层含义,另外一层含义则是 U-Boot 除了支持 PowerPC 系列的处理器外,还能支持 MIPS、x86、ARM、NIOS、XScale 等诸多常用系列的处理器。这两个特点正是 U-Boot 项目的开发目标,即支持尽可能多的嵌入式处理器和嵌入式操作系统。就目前来看,U-Boot 对 PowerPC 系列处理器支持最为丰富,对 Linux 的支持最完善。其他系列的处理器和操作系统基本是在 2002 年 11 月 PPCBOOT 改名为 U-Boot 后逐步扩充的。从 PPCBOOT 向 U-Boot 的顺利过渡,很大程度上归功于 U-Boot 的维护人德国 DENX 软件工程中心 Wolfgang Denk 的精湛专业水平和持着不懈的努力。当前,U-Boot 项目正在他的领军之下,众多有志于开放源码 Boot Loader 移植工作的嵌入式开发人员正如火如荼地将各个不同系列嵌入式处理器的移植工作不断展开和深入,以支持更多的嵌入式操作系统的装载与引导。

U-Boot 是一种普遍用于嵌入式系统中的 Boot loader,Boot loader 是在操作系统运行之前执行的一小段程序,通过它,我们可以初始化硬件设备、建立内存空间的映射表,从而建立适当的软硬件环境,为最终调用操作系统内核做好准备。Boot loader 的主要运行任务就是将内核映象从硬盘(例如 NAND flash 或 eMMC)上读到 RAM 中,然后跳转到内核的入口点去运行,即开始启动操作系统。系统在上电或复位时通常都从地址 0x00000000 处开始执行,而在这个地址处安排的通常就是系统的 Boot loader 程序。

2.U-Boot 的特点

①开放源码。

②支持多种嵌入式操作系统内核,如 Linux、NetBSD、VxWorks、QNX、RTEMS、ARTOS、LynxOS。

③支持多个处理器系列,如 PowerPC、ARM、x86、MIPS、XScale。

④较高的可靠性和稳定性。

⑤高度灵活的功能设置,适合 U-Boot 调试、操作系统不同引导要求、产品发布等。

⑥丰富的设备驱动源码,如串口、以太网、SDRAM、FLASH、LCD、NVRAM、EEPROM、RTC、键盘等。

⑦较为丰富的开发调试文档与强大的网络技术支持。

3.U-Boot 主要功能

①系统引导。

②支持 NFS 挂载、RAMDISK(压缩或非压缩)形式的根文件系统。

③支持 NFS 挂载、从 FLASH 中引导压缩或非压缩系统内核。

④基本辅助功能强大的操作系统接口功能;可灵活设置、传递多个关键参数给操作系统,适合系统在不同开发阶段的调试要求与产品发布,尤对 Linux 支持最为强劲。

⑤支持目标板环境参数多种存储方式,如 FLASH、NVRAM、EEPROM。

⑥ CRC32 校验:可校验 FLASH 中内核、RAMDISK 镜像文件是否完好。

⑦设备驱动:串口、SDRAM、FLASH、以太网、LCD、NVRAM、EEPROM、键盘、USB、PC-MCIA、PCI、RTC 等驱动支持。

⑧上电自检功能:SDRAM、FLASH 大小自动检测,SDRAM 故障检测,CPU 型号。

⑨特殊功能:XIP 内核引导。

4.U-Boot 常用命令

U-Boot 中为用户提供了相当丰富的命令,这些命令列表可以通过"?"打印出来,通过 help 命令还可以查看每个命令的参数说明。

① printenv:打印环境变量。如:Uboot> printenv。

② setenv:设置新的变量。如:Uboot> setenv bootdelay 8,Uboot> printenv。

③ saveenv:保存变量。将当前定义的所有的变量及其值存入 FLASH 中。用来存储变量及其值的空间只有 8 K 字节,应不要超过。

④ loadb：通过串口 Kermit 协议下载二进制数据。

⑤ tftp：通过网络下载程序，需要先设置好网络配置。

> 示例：
>
> Uboot> setenv ethaddr 12:34:56:78:9A:BC
>
> Uboot> setenv ipaddr 192.168.1.1
>
> Uboot> setenv serverip 192.168.1.254（tftp 服务器的地址）
>
> 下载 bin 文件到地址 0x20000000 处。
>
> Uboot> tftp 20000000 application.bin（application.bin 应位于 tftp 服务程序的目录）
>
> Uboot> tftp 32000000 vmlinux
>
> 把 server（IP= 环境变量中设置的 serverip）中 /tftpboot/ 下的 vmlinux 通过 TFTP 读入到物理内存 32000000 处。

⑥ md：显示内存区的内容。

⑦ mm：修改内存，地址自动递增。

⑧ nm：修改内存，地址不自动递增。

⑨ mw：用模型填充内存，如：mw 32000000 ff 10000（把内存 0x32000000 开始的 0x10000 字节设为 0xFF）

⑩ cp：拷贝一块内存到另一块。

⑪ cmp：比较两块内存区，这些内存操作命令后都可加一个后缀表示操作数据的大小，比如 cp.b 表示按字节拷贝。

⑫ protect：写保护操作。

> 示例：
>
> protect on 1:0-3（就是对第一块 FLASH 的 0-3 扇区进行保护）
>
> protect off 1:0-3 取消写保护

⑬ erase：擦除 FLASH 的扇区。如：erase 1:0-2（就是对每一块 FLASH 的 0-2 扇区进行删除）。

⑭ run：执行设置好的脚本。

> 示例：
>
> Uboot> setenv flashit tftp 20000000 mycode.bin\; erase 10020000 1002FFFF\;
>
> cp.b 20000000 10020000 8000
>
> Uboot> saveenv
>
> Uboot> run flashit

⑮ bootcmd：保留的环境变量，也是一种脚本，如果定义了该变量，在 autoboot 模式下，将会执行该脚本的内容。

⑯ go：执行内存中的二进制代码，一个简单地跳转到指定地址。

⑰ bootm：执行内存中的二进制代码，要求二进制代码为指定格式的，通常为 mkimage 处理过的二进制文件。如：启动 UBOOT TOOLS 制作的压缩 Linux 内核，bootm 3200000。

⑱ bootp：通过网络启动，需要提前设置好硬件地址。

⑲ ？：得到所有命令列表。

⑳ help：列出命令使用说明，如：help usb，列出 USB 功能的使用说明。

㉑ ping：网络 ping 功能。注：只能通过目标板 Ping 其他的机器。

㉒ usb：USB 功能。

■ usb start：启动 USB 功能。

■ usb info：列出 USB 设备。

■ usb scan：扫描设备。

㉓ kgo：启动没有压缩的 Linux 内核，如：kgo 32000000。

㉔ fatls：列出 DOS FAT 文件系统，如：fatls usb 0 列出第一块 U 盘中的文件。

㉕ fatload：读入 FAT 中的一个文件，如：fatload usb 0:0 32000000 aa.txt 把 USB 中的 aa.txt 读到物理内存 0x32000000 处。

㉖ flinfo：列出 flash 的信息。

㉗ nfs：NFS 访问功能，如：nfs 32000000 192.168.0.2:aa.txt。把 192.168.0.2（Linux 的 NFS 文件系统）中的 NFS 文件系统中的 aa.txt 读入内存 0x32000000 处。

5.U–Boot 目录结构

U-Boot 一直在完善和进步，其目录组织方式也一直在学习 Linux 内核，其不同版本目录组织可能稍有不同，但主要结构没有特别大的差异。其典型的目录组织如图 8-1 所示，目录说明如表 8-1 所示。

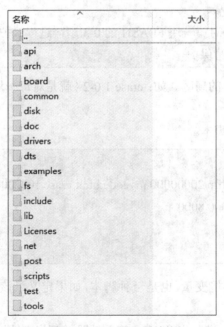

图 8-1　U-Boot 目录结构

表 8-1　U-Boot 目录说明

目录名	说　明
api	此目录下存放 U-Boot 向外提供的接口函数
arch	与体系结构相关的代码,核心目录。这个目录是放着 CPU 架构的目录,里面放着很多子目录,都是各种 CPU 架构
board	此目录是各种目标板相关目录,根据不同的具体目标板而定制的代码
common	独立于处理器体系结构的通用代码,如内存大小探测与故障检测,涵盖各个方面,以命令行处理为主
disk	磁盘分区相关代码
doc	常见功能和问题的说明文档
drivers	常用的设备驱动程序,每个类型的设备驱动占用一个子目录与 Linux 类似
dts	设备树相关目录
examples	示例程序
fs	文件系统,支持嵌入式开发常见的 fs(cramfs,ext2,ext3,jffs2,etc)
include	全局需要的头文件定义在这儿,尤其 configs 子目录下与目标板相关的配置头文件是移植过程中经常要修改的文件
lib	通用库文件
Licenses	License 说明目录
net	网络相关的代码,小型的协议栈
post	Power On Self Test,上电自检文件目录
Scripts	存放一些工具和编译脚本
Test	基本测试功能
Tools	辅助程序,用于编译和检查 U-Boot 目标文件,如用于创建 U-Boot S-RECORD 和 BIN 镜像文件

（1）/arch 目录

/arch 目录如图 8-2 所示。

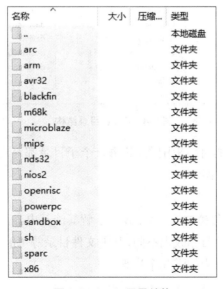

图 8-2　/arch 目录结构

每一个目录对应一个体系结构,如 /arm 便是 arm 的体系结构。进入 /arch/arm,如图 8-3 所示。

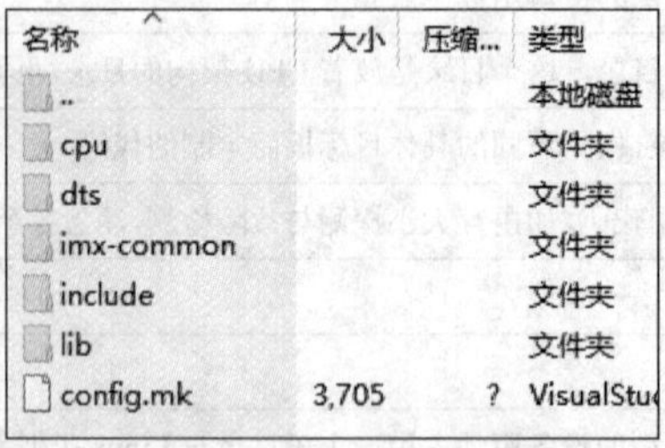

名称	大小	压缩…	类型
..			本地磁盘
cpu			文件夹
dts			文件夹
imx-common			文件夹
include			文件夹
lib			文件夹
config.mk	3,705	?	VisualStu…

图 8-3　/arch/arm 目录结构

① cpu 子目录对应一种处理器的不同产品型号或者系列。

② dts 子目录是各种处理器板子的设备树文件。

③ imx-common 子目录是 Freescale 公司 imx 系列处理器的一些通用文件(可见组织的有点乱)。

④ include 子目录是处理器用到的头文件。

⑤ lib 目录对应用到处理器公用的代码。

(2)/board 目录

/Dord 目录如图 8-4 所示。

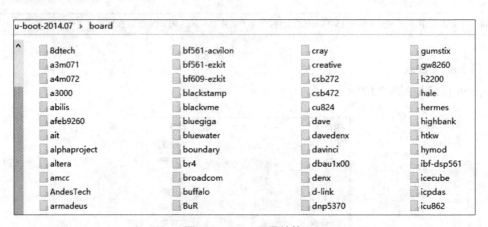

图 8-4　/bord 目录结构

里面有非常多的现成的目标板配置,其每一个子目录都对应一个目标板(有的公司芯片种类较多,则存放在公司名下)。

6.U–Boot 移植

本节仅仅说明 U-Boot 移植过程,已让读者了解其涉及内容,由于 U-Boot 各个版本有所不同,加之各个 OEM 厂家各自修改也不同,其中文件目录等可能与实际情况有所不同。

U-Boot 移植一般情况分为如下几个步骤。

（1）下载源码

我们可以在 U-Boot 官方网站上下载最新的和以前任一版本的 U-Boot，官方网址如下：ftp://ftp.denx.de/pub/u-boot/。

（2）指定编译交叉工具

解压下载的源码包，进入目录，修改根目录下的 Makefile，添加交叉编译工具链信息，如图 8-5 所示。

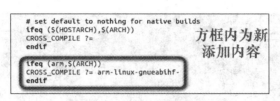

图 8-5　添加交叉编译链信息

（3）指定目标 CPU

查看 U-Boot 源码是否支持所使用 CPU，代码位于 arch/arm/cpu/，一般所支持的处理器都会放在此目录。所有与 CPU 相关的代码都在此。此目录是移植过程中一个重点需要修改的文件目录。

（4）创建目标平台 borad

U-Boot 工程里面有很多官方支持的开发板，这些开发板都存放在 board 目录下，每一个目录代表一个目标板或者一个厂家。当我们从官方或者 OEM 厂家获取 U-Boot 源码后，我们要找到一个和我们类似 SOC 的开发板，基于这个板子进行移植，主要关注芯片厂家及芯片型号，如果没有找到，尝试更换更新版本的 U-Boot，老版本中可能支持设备有限。

①拷贝并修改板级文件夹，作为我们自己的平台目录，比如复制 board/samsung/goni/，重命名为 my_board，将此目录作为我们自己的板级目录。

②修改 board/samsung/my_board/Makefile 信息，将其中 goni.o 修改为 my_board.o。

③拷贝并修改配置文件：如拷贝 inlcude/configs/origen.h 为 inlcude/configs/my_board.h。修改 my_board.h 文件。

④配置 boards.cfg：打开 uboot 根目录下的 boards.cfg，在 goni 后新增 my_board 配置，如图 8-6 所示。

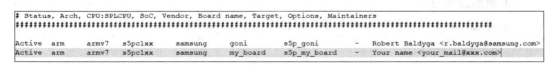

图 8-6　新增 my_board 配置

（5）创建或修改平台相关文件

着重修改 board 目录下文件，如果没有相似平台，则需要自己创建文件。一般情况下会将平台相关硬件外设比如 LCD 相关，外设 GPIO 相关的配置在此完成。与核心相关比较密切的在 arch/arm/cpu/ 目录完成。

8.1.5 实验步骤

1. 创建工作目录

在用户家目录下创建工作目录,运行结果如图 8-7 所示。

```
$ mkdir ours6818
```

图 8-7　创建工作目录

2. 准备源码包

将 Linux 源码包放到虚拟机 Windows 共享目录中(在 Windows 系统中),可以使用虚拟机共享文件或者 samba 共享方式,笔者采用虚拟机共享示例:笔者的共享设置是将 Windows 系统下的 F:盘共享给了 Ubuntu 系统,所以,将 Linux 源码包 QT_6818.tar.bz2.xz 存放到 F:盘下,如图 8-8 所示。

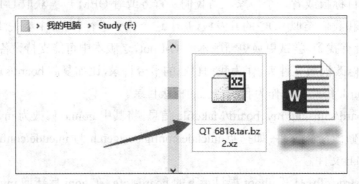

图 8-8　将源码包存放到 F:盘下

3. 解压源码包

①将 Linux 源码包从虚拟机共享目录拷贝至工作目录(注意:不要直接在共享目录解压)。结果如图 8-9 所示。

```
$ cp -arf /mnt/hgfs/share/QT_6818.tar.bz2.xz  ~/ours6818
$ cd ~/ours6818
$ ls
```

图 8-9　将 Linux 源码包从虚拟机共享目录拷贝至工作目录

②解压源码包,结果如图 8-10 所示。

```
$ xz -k -d QT_6818.tar.bz2.xz
$ ls
$ tar -jxvf QT_6818.tar.bz2
```

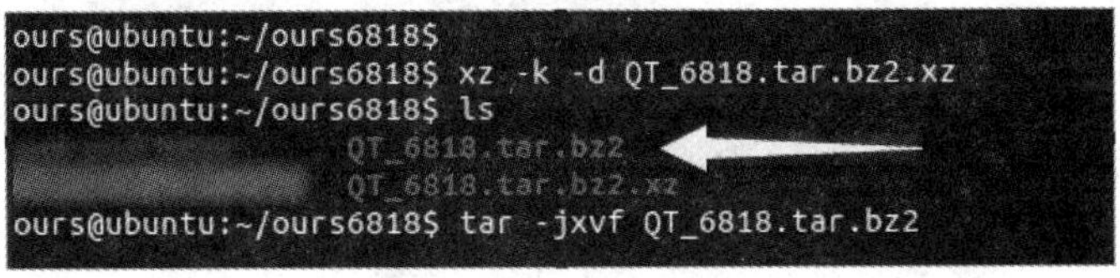

图 8-10　解压源码包

解压完成后将会生成 QT_6818 目录。

4. 编译 U–Boot

进入 Linux 源码目录,其中的 build 存放了编译脚本及交叉编译工具链,执行 U-Boot 编译脚本。结果如图 8-11 所示。

```
$ cd ~/ours6818/QT_6818
$ ./build/build_uboot.sh
```

图 8-11　执行 U-Boot 编译脚本

在编译脚本中设置了交叉编译工具链以及目标板配置。编译成功后在将在 U-Boot 目录下生成目标文件 u-boot.bin,此文件便是目标板的 bootloader 程序。同时脚本会将生成的目标文件拷贝至 ~/ours6818/QT_6818/result 目录。结果如图 8-12 所示。

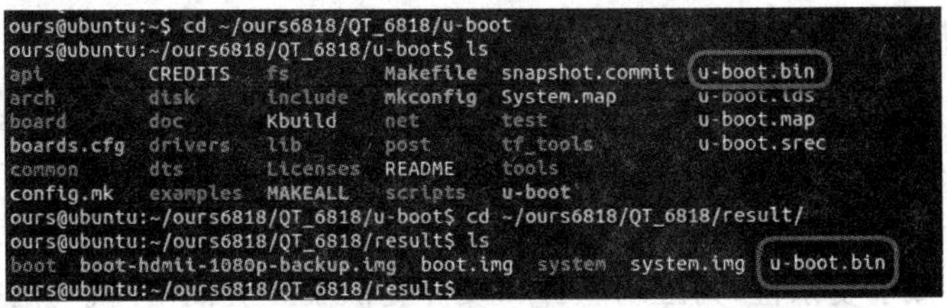

图 8-12　实验结果

result 目录专门用于存放目标镜像文件,至此 U-Boot 便已完成。其中 u-boot.bin 是我们后面烧写要使用的引导文件。

8.2　编译 Kernel 实验

8.2.1　实验目的

掌握 Linux Kernel 编译方法。

8.2.2　实验内容

编译 ARM Linux 的 Kernel。

8.2.3　实验设备

硬件:配置完开发环境 Ubuntu 虚拟机的 PC 机 1 台。

软件:kernel 源码包。

8.2.4　实验原理

1.Linux 内核简介

内核,是一个操作系统的核心。它负责管理系统的进程、内存、设备驱动程序、文件和网络系统,决定着系统的性能和稳定性。

Linux 的一个重要的特点就是其源代码的公开性,所有的内核源程序都可以获得,大部分应用软件也都是遵循 GPL 而设计的,都可以获取相应的源程序代码。全世界任何一个软件工程师都可以将自己认为优秀的代码加入其中,由此引发的一个明显的好处就是 Linux 修补漏洞的快速以及对最新软件技术的利用。而 Linux 的内核则是这些特点的最直接的代表。

想象一下,拥有了内核的源程序对你来说意味着什么? 第一,我们可以了解系统是如何工作的。通过通读源代码,我们就可以了解系统的工作原理,这在 Windows 下简直是天方夜谭。第二,我们可以针对自己的情况,量体裁衣,定制适合自己的系统,这样就需要重新编译内核。在 Windows 下是什么情况呢? 相信很多人都曾经被越来越庞大的 Windows 整得莫名其妙。第三,我们可以对内核进行修改,以符合自己的需要。这意味着什么? 没错,相当于自己开发了一个操作系统,但是大部分的工作已经做好了,你所要做的就是要增加并实现自己需要的功能。

内核是操作系统最基本的部分。它是为众多应用程序提供对计算机硬件安全访问的一部分软件,这种访问是有限的,并且内核决定一个程序在什么时候对某部分硬件操作多长时间。直接对硬件操作是非常覆杂的,所以内核通常提供一种硬件抽象的方法来完成这些操作。硬件抽象隐藏了复杂性,为应用软件和硬件提供了一套简洁,统一的接口,使程序设计更为简单。

2. 内核版本号

由于 Linux 的源程序是完全公开的,任何人只要遵循 GPL,就可以对内核加以修改并发布给他人使用。Linux 的开发采用的是集市模型(bazaar,与 cathedral 教堂模型对应),为了确保这些无序的开发过程能够有序地进行,Linux 采用了双树系统。一个树是稳定树(stable tree),另一个树是非稳定树(unstable tree)或者开发树(developmenttree)。一些新特性、实验性改进等都将首先在开发树中进行。如果在开发树中所做的改进也可以应用于稳定树,那么在开发树中经过测试以后,在稳定树中将进行相同的改进。一旦开发树经过了足够的发展,开发树就会成为新的稳定树。开发树就体现在源程序的版本号中;源程序版本号的形式为 x.y.z:对于稳定树来说,y 是偶数;对于开发树来说,y 比相应的稳定树大一(因此,是奇数)。到目前为止最高版本是 4.16.7,我们所使用版本是 3.4.39,需要说明的是并不是版本越高越好,因为虽然在新版本做了很多修复工作但同时也加入了新功能,这些新功能可能存在一定问题影响系统稳定性。下载内核版本请访问 http://www.kernel.org/ 。

3. 为什么重新编译内核

Linux 作为一个自由软件,在广大爱好者的支持下,内核版本不段更新,并增加了许多新的特性。如果用户想要使用这些新特性,或想根据自己的系统量身定制一个更高效、更稳定的内核,就需要重新编译内核。通常,更新的内核会支持更多的硬件,具备更好的进程管理能力,运行速度更快、更稳定,并且一般会修复老版本中发现的许多漏洞等,经常性地选择升级更新的系统内核是 Linux 使用者的必要操作内容。为了正确地合理地设置内核编译配置选项,从而只编译系统需要的功能的代码,一般主要有下面四个考虑。

(1)定制编译的内核运行更快(具有更少的代码)。

(2)系统将拥有更多的内存(内核部分将不会被交换到虚拟内存中)。

(3)不需要的功能编译进入内核可能会增加被系统攻击者利用的漏洞以及内核体积。

(4)将某种功能编译为模块方式会比编译到内核内的方式速度要慢一些。

4. 内核编译模式

Linux 内核编译通常分为内置方式和模块方式两种。Linux 内核是以模块方式组织的,如果要增加对某部分功能的支持,比如网络之类,可以把相应部分采用内置方式编译到内核中,也可以把该部分采用模块方式编译成模块动态加载调用。

如果编译到内核中,在内核启动时就可以自动支持相应部分的功能,这样的优点是方便、速度快,机器一启动,你就可以使用这部分功能了;缺点是会使内核变得庞大起来,不管你是否需要这部分功能,它都会存在,这就是 Windows 惯用的招数,建议经常使用的部分直接编译到内核中,比如网卡。如果编译成模块,就会生成对应的 .ko 文件,在使用的时候可以动态加载,优点是不会使内核过分庞大,缺点是你需要自己来调用这些模块。

5. 内核源代码目录组织

Linux 内核源代码可以从 www.kernel.org 下载,一般主机平台的 Linux(如 Ubuntu)源代码在根目录下的 /usr/src 目录下(大多数桌面系统为了节省磁盘空间已不再保存)。

（1）顶层目录

内核源代码的文件按树形结构进行组织的，在源代码树最上层的主要可以看到如图 8-13 所示的一些目录。

arch	2013/4/23 14:59	文件夹	
block	2016/1/9 22:46	文件夹	
crypto	2016/1/9 22:46	文件夹	
Documentation	2013/4/23 14:59	文件夹	
drivers	2016/1/9 22:46	文件夹	
firmware	2016/1/9 22:46	文件夹	
fs	2016/1/9 22:46	文件夹	
include	2016/1/9 22:46	文件夹	
init	2016/1/9 22:46	文件夹	
ipc	2016/1/9 22:46	文件夹	
kernel	2016/1/9 22:46	文件夹	
lib	2016/1/9 22:46	文件夹	
mm	2016/1/9 22:46	文件夹	
net	2016/1/9 22:46	文件夹	
samples	2013/4/23 14:59	文件夹	
scripts	2016/1/9 22:46	文件夹	
security	2016/1/9 22:46	文件夹	
sound	2016/1/9 22:46	文件夹	
tools	2013/4/23 14:59	文件夹	
usr	2016/1/9 22:46	文件夹	
virt	2013/4/23 14:59	文件夹	
.gitignore	2013/4/23 14:59	GITIGNORE 文件	1 KB
.mailmap	2013/4/23 14:59	MAILMAP 文件	4 KB
COPYING	2013/4/23 14:59	文件	19 KB
COPYING	2013/4/23 14:59	文本文档	19 KB
CREDITS	2013/4/23 14:59	文件	92 KB
initrd.img	2013/4/23 14:59	360压缩	7,028 KB
Kbuild	2013/4/23 14:59	文件	3 KB
MAINTAINERS	2013/4/23 14:59	文件	171 KB
Makefile	2013/7/17 11:41	文件	51 KB
mk	2013/4/23 14:59	文件	1 KB
README	2013/4/23 14:59	文件	18 KB
REPORTING-BUGS	2013/4/23 14:59	文件	4 KB

图 8-13　顶层目录

● arch：是 architecture 的缩写，是架构相关，包括所有与体系结构相关的内核代码，里面存放了许多 CPU 架构，比如 arm、x86、MIPS、PPC 等。arch 的每一个子目录都代表一个 Linux 所支持的体系结构。

● block：在 Linux 中 block 表示块设备，此文件夹包含块设备驱动程序的代码。块设备是以数据块方式接收和发送的数据的设备。数据块都是一块一块的数据而不是持续的数据流。譬如说 SD 卡、iNand、Nand、硬盘等都是块设备，该目录存放 Linux 存储体系中关于块设备的基本框架、管理和 I/O 调度等代码。

● crypto：是加密的意思，这个目录下放了内核本身所用的加密 API，实现了常用的加密和散列算法，还有一些压缩和 CRC 校验算法。

● Documentation：存放帮助文档，包含了内核信息和其他许多文件信息的文本文档。

● drivers：该目录包含了驱动代码，这个目录是内核中最庞大的一个目录，这个文件夹中存在许多文件夹，里面分门别类地列出了 Linux 内核支持的所有硬件设备的驱动源代码。每个文件夹都以硬件的种类或者型号命名。

● firmware：包含了让内核读取和理解从设备发来的信号的代码，如内核要理解摄像头发送的信号，将会使用 vicam 固件（firmware）来理解摄像头的通信，否则，没有了固件，Linux 系统将不知道如何处理摄像头发来的信息。另外，固件同样有助于将 Linux 系统发送消息给该设备。

● fs：这是文件系统的文件夹，里面存放了 Linux 支持的各种文件系统的实现，理解和使用的文件系统所需的所有的代码就在这里。在这个文件夹里，每种文件系统都有自己的文件夹。

● include：包含了内核所需的各种公共头文件，如各种 CPU 架构共用的头文件都在这里。每种 CPU 架构特有的一些头文件在 arch/***/include 目录及其子目录下。

● init：这个目录包含了 Linux 内核启动时初始化内核的代码。

● ipc：就是 Inter Process Communication（进程间通信），里面都是用于实现 System V 的进程间通信模块，此文件夹中的代码是作为内核与进程之间的通信层。内核控制着硬件，因此程序只能请求内核来执行任务。例如，当系统管理员打开进程管理器去关闭一个已经锁死的程序，这个关闭程序的信号被称为 kill 信号。内核接收到信号，然后内核会要求程序停止或直接把进程从内存和 CPU 中移除（取决于 kill 的类型）。命令行中的管道同样用于进程间通信。管道会告诉内核在某个内存页上写入输出数据。程序或者命令得到的数据是来自内存页上的某个给定的指针。

● kernel：就是内核，内核中最核心的部分，其中代码控制内核本身，包括进程的调度（sched.c），以及进程的创建和撤销（fork.c 和 exit.c）和平台相关的另外一部分核心代码在 arch/***/kernel 目录下。

● lib：这个文件夹包含了内核需要引用的一系列内核库文件代码。这里面都是一些公用的库函数，这里的库函数和 C 语言的库函数不一样的。在内核编程中是不能用 C 语言标准库函数，这里的 lib 目录下的库函数就是用来替代那些标准库函数的。

● mm：memory management（内存管理），此目录包含了与体系无关的部分内存管理代码。与体系结构相关的内存管理代码位于 arch/***/mm 下。

● net：该目录下是网络相关的代码，包含了网络协议代码，如 TCP/IP 协议栈、IPv6、以太网、WiFi 等。

● samples：此文件夹包含了程序示例和正在编写中的模块代码。假设一个新的模块引入了一个想要的有用功能，但没有程序员说它已经可以正常运行在内核上。那么，这些模块就会移到这里。这给了新内核程序员一个机会通过这个文件夹来获得帮助，或者选择一个他们想要协助开发的模块。

● scripts：这个文件夹有内核编译所需的脚本，是用来辅助对 Linux 内核进行配置编译生产的。当运行 make menuconfig 或者 make xconfig 之类的命令配置内核时，用户就是和位于这个目录下的脚本进行交互的。

● security：内核安全相关的代码。

● sound：音频处理相关代码，存放音频系统架构相关代码和具体声卡的设备驱动程序。

● tools：这个文件夹中包含了和内核交互的工具。

● usr：实现用于打包和压缩的 cpio 等，这个文件夹中的代码用于在内核编译完成后创建 vmlinuz 和其他类似的文件。

● virt：此文件夹包含了虚拟化代码，它允许用户一次运行多个操作系统。通过虚拟化，客户机操作系统就像任何其他运行在 Linux 主机的应用程序一样运行。

● COPYING：许可和授权信息。Linux 内核在 GPL v2 许可证下授权。该许可证授予任何人有权免费去使用、修改、分发和共享源代码和编译代码。

● CREDITS：贡献者列表。

● Kbuild：这是一个设置一些内核设定的脚本。

● Kconfig：这个脚本会在开发人员配置内核的时候用到。

● MAINTAINERS：这是一个目前维护者列表，是他们的电子邮件地址、主页，及他们负责开发和维护的内核的特定部分或文件。

● Makefile：这个脚本是编译内核的主要文件。这个文件将编译参数和编译所需的文件和必要的信息传给编译器。

● README：这个文档提供给开发者想要知道的如何编译内核的信息。

● REPORTING-BUGS：这个文档提供如何报告问题的信息。

（2）arch 目录

该目录中每个子目录都与某种体系结构对应，用于存放系统结构相关代码，向平台无关的系统核心模块提供所需的功能接口。每个体系结构对应的子目录下通常至少包含以下几个子目录。

● kernel 子目录：用于存放特定体系结构特有信号量的实现代码和对称多处理器（Symmetric MultiProccessing，SMP）相关模块。

● lib 子目录：用于存放以来依赖当前体系结构的辅助功能，如利用当前体系结构特性实现的 strlen 和 memcpy 内存操作函数；与通用的实现方法相比，它们的开销小、更加高效。

● mm 子目录：用于存放体系架构特定的内存管理模块，包括内存的初始化、页表管理等内容。

● boot 子目录：该目录中包含了当前平台上系统引导过程使用的部分或全部代码。这部分代码以来当前平台，用于完成向系统内存装载内核镜像的工作。

（3）drivers 目录

Linux 设备驱动目录，许多驱动程序是通用驱动程序，这意味着一个通用键盘驱动可以使内核可以处理几乎所有的键盘。注意有些设备的驱动不在本目录中。比如，射频驱动在

net 和 media 文件夹下。

● accessibility：这些驱动提供支持一些辅助设备，比如盲文设备驱动。

● acpi：高级配置和电源接口（Advanced Configuration and Power Interface）驱动用来管理电源使用。

● amba：高级微控制器总线（Advanced Microcontroller Bus Architecture）架构是与片上系统（SoC）的管理和互连的协议。SoC 是一块包含许多或所有必要的计算机组件的芯片。这里的 AMBA 驱动让内核能够运行在这上面。

● ata：该目录包含 PATA 和 SATA 设备的驱动程序。串行 ATA（SATA）是一种连接主机总线适配器到像硬盘那样的存储器的计算机总线接口。并行 ATA（PATA）用于连接存储设备，如硬盘驱动器、软盘驱动器、光盘驱动器的标准。PATA 就是我们所说的 IDE。

● atm：异步通信模式（Asynchronous Transfer Mode）是一种通信标准。这里有各种接到 PCI 桥的驱动（它们连接到 PCI 总线）和以太网控制器（控制以太网通信的集成电路芯片）。

● auxdisplay：这个文件夹提供了三个驱动，LCD 帧缓存（framebuffer）驱动、LCD 控制器驱动和一个 LCD 驱动。这些驱动用于管理液晶显示器。

● base：这是个重要的目录包含了固件、系统总线、虚拟化能力等基本的驱动。

● bcma：这些驱动用于使用基于 AMBA 协议的总线。AMBA 是由博通公司开发。

● block：这些驱动提供对块设备的支持，像软驱、SCSI 磁带、TCP 网络块设备等。

● bluetooth：蓝牙是一种安全的无线个人区域网络标准（PANs）。蓝牙驱动就在这个文件夹，它允许系统使用各种蓝牙设备。例如，一个蓝牙鼠标不用电缆，并且计算机有一个电子狗（小型 USB 接收器）。Linux 系统必须能够知道进入电子狗的信号，否则蓝牙设备无法工作。

● bus：这个目录包含了三个驱动：一个转换 ocp 接口协议到 scp 协议，另一个是设备间的互联驱动，第三个是用于处理互联中的错误处理。

● cdrom：这个目录包含两个驱动。一个是 cd-rom，包括 DVD 和 CD 的读写。第二个是 gd-rom（只读 GB 光盘），GD 光盘是 1.2GB 容量的光盘，这像一个更大的 CD 或者更小的 DVD。GD 通常用于世嘉游戏机中。

● char：字符设备驱动在这里。字符设备每次传输数据传输一个字符。这个文件夹里的驱动包括打印机、PS3 闪存驱动、东芝 SMM 驱动和随机数发生器驱动等。

● clk：这些驱动用于系统时钟。

● clocksource：这些驱动用于作为定时器的时钟。

● connector：这些驱动使内核知道当进程 fork 并使用 proc 连接器更改 UID（用户 ID）、GID（组 ID）和 SID（会话 ID）。内核需要知道什么时候进程 fork（CPU 中运行多个任务）并执行。否则，内核可能会低效管理资源。

● cpufreq：这些驱动改变 CPU 的电源能耗。

● cpuidle：这些驱动用来管理空闲的 CPU。一些系统使用多个 CPU，其中一个驱动可以让这些 CPU 负载相当。

- crypto:这些驱动提供加密功能。
- dca:直接缓存访问(Direct Cache Access)驱动允许内核访问 CPU 缓存。CPU 缓存就像 CPU 内置的 RAM。CPU 缓存的速度比 RAM 更快。然而,CPU 缓存的容量比 RAM 小得多。CPU 在这个缓存系统上存储了最重要的和执行的代码。
- devfreq:这个驱动程序提供了一个通用的动态电压和频率调整(DVFS:Generic Dynamic Voltage and Frequency Scaling)框架,可以根据需要改变 CPU 频率来节约能源。这就是所谓的 CPU 节能。
- dio:数字输入/输出(Digital Input/Output)总线驱动允许内核可以使用 DIO 总线。
- dma:直接内存访问(DMA)驱动允许设备无须 CPU 直接访问内存。这减少了 CPU 的负载。
- edac:错误检测和校正(Error Detection And Correction)驱动帮助减少和纠正错误。
- eisa:扩展工业标准结构总线(Extended Industry Standard Architecture)驱动提供内核对 EISA 总线的支持。
- extcon:外部连接器(EXTernal CONnectors)驱动用于检测设备插入时的变化。例如,extcon 会检测用户是否插入了 USB 驱动器。
- firewire:这些驱动用于控制苹果制造的类似于 USB 的火线设备。
- firmware:这些驱动用于和像 BIOS(计算机的基本输入输出系统固件)这样的设备的固件通信。
- GPIO:通用输入/输出(General Purpose Input/Output)是可由用户控制行为的芯片的管脚。这里的驱动就是控制 GPIO。
- GPU:这些驱动控制 VGA、GPU 和直接渲染管理(DRM : Direct Rendering Manager)。VGA 是 640*480 的模拟计算机显示器或是简化的分辨率标准。GPU 是图形处理器。DRM 是一个 Unix 渲染系统。
- hid:驱动用于对 USB 人机界面设备的支持。
- his:这个驱动用于内核访问像 Nokia N900 这样的蜂窝式调制解调器。
- hv:这个驱动用于提供 Linux 中的键值对(KVP : Key Value Pair)功能。
- hwmon:件监控驱动用于内核读取硬件传感器上的信息。比如,CPU 上有个温度传感器。那么内核就可以追踪温度的变化并相应地调节风扇的速度。
- hwspinlock:件转锁驱动允许系统同时使用两个或者更多的处理器,或使用一个处理器上的两个或更多的核心。
- i2c:I2C 驱动可以使计算机用 I2C 协议处理主板上的低速外设。系统管理总线(SMBus : System Management Bus)驱动管理 SMBus,这是一种用于轻量级通信的 two-wire 总线。
- ide:这些驱动用来处理像 CDROM 和硬盘这些 PATA/IDE 设备。
- idle:这个驱动用来管理 Intel 处理器的空闲功能。

● iio：工业 I/O 核心驱动程序用来处理数模转换器或模数转换器。

● infiniband：它是在企业数据中心和一些超级计算机中使用的一种高性能的端口。这个目录中的驱动用来支持 Infiniband 硬件。

● input：这里包含了很多驱动，这些驱动都用于输入处理，包括游戏杆、鼠标、键盘、游戏端口（旧式的游戏杆接口）、遥控器、触控、耳麦按钮和许多其他的驱动。如今的操纵杆使用 USB 端口，但是在 20 世纪八九十年代，操纵杆是插在游戏端口的。

● IOMMU：输入 / 输出内存管理单元（Input/Output Memory Management Unit）驱动用来管理内存管理单元中的 IOMMU。IOMMU 连接 DMA IO 总线到内存上。IOMMU 是设备在没有 CPU 帮助下直接访问内存的桥梁。这有助于减少处理器的负载。

● ipack：它代表的是 IndustryPack。 这个驱动是一个虚拟总线，允许在载体和夹板之间操作。

● irqchip：这些驱动程序允许硬件的中断请求（IRQ）发送到处理器，暂时挂起一个正在运行的程序而去运行一个特殊的程序（称为一个中断处理程序）。

● isdn：这些驱动用于支持综合业务数字网（ISDN），这是用于同步数字传输语音、视频、数据和其他网络服务使用传统电话网络的电路的通信标准。

● leds：用于 LED 的驱动。

● lguest：用于管理客户机系统的中断。中断是 CPU 被重要任务打断的硬件或软件信号。CPU 接着给硬件或软件一些处理资源。

● macintosh：苹果设备的驱动在这个文件夹里。

● mailbox：这个文件夹（pl320-pci）中的驱动用于管理邮箱系统的连接。

● md：多设备驱动用于支持磁盘阵列，一种多块硬盘间共享或复制数据的系统。

● media：媒体驱动提供了对收音机、调谐器、视频捕捉卡、DVB 标准的数字电视等的支持。驱动还提供了对不同通过 USB 或火线端口插入的多媒体设备的支持。

● memory：支持内存的重要驱动。

● memstick：这个驱动用于支持 Sony 记忆棒。

● message：这些驱动用于运行 LSI Fusion MPT（一种消息传递技术）固件的 LSI PCI 芯片 / 适配器。LSI 大规模集成，这代表每片芯片上集成了几万晶体管。

● mfd：多用途设备（MFD）驱动提供了对可以提供诸如电子邮件、传真、复印机、扫描仪、打印机功能的多用途设备的支持。这里的驱动还给 MFD 设备提供了一个通用多媒体通信端口（MCP）层。

● misc：这个目录包含了不适合在其他目录的各种驱动，就像光线传感器驱动。

● mmc：MMC 卡驱动用于处理用于 MMC 标准的闪存卡。

● mtd：内存技术设备（Memory technology devices）驱动程序用于 Linux 和闪存的交互，这就像一层闪存转换层。其他块设备和字符设备的驱动程序不会以闪存设备的操作方式来做映射。尽管 USB 记忆卡和 SD 卡是闪存设备，但它们不使用这个驱动，因为它们隐藏在系统的块设备接口后。这个驱动用于新型闪存设备的通用闪存驱动器驱动。

- net：网络驱动提供像 AppleTalk、TCP 和其他的网络协议。这些驱动也提供对调制解调器、USB 2.0 的网络设备和射频设备的支持。
- nfc：这个驱动是德州仪器的共享传输层之间的接口和 NCI 核心。
- ntb：不透明的桥接驱动提供了在 PCIe 系统的不透明桥接。PCIe 是一种高速扩展总线标准。
- nubus：它是一种 32 位并行计算总线，用于支持苹果设备。
- of：此驱动程序提供设备树中创建、访问和解释程序的 OF 助手。设备树是一种数据结构，用于描述硬件。
- oprofile：这个驱动用于从驱动到用户空间进程（运行在用户态下的应用）评测整个系统。这帮助开发人员找到性能问题——性能分析机制，是用于 Linux 的若干种评测和性能监控工具中的一种。
- parisc：这些驱动用于 HP 生产的 PA-RISC 架构设备。PA-RISC 是一种特殊指令集的处理器。
- parport：这些驱动提供了 Linux 下的并口支持。
- pci：这些驱动提供了 PCI 总线服务。
- pcmcia：这些是笔记本的 pc 卡驱动。
- pinctrl：这些驱动用来处理引脚控制设备。引脚控制器可以禁用或启用 I/O 设备。
- platform：这个文件夹包含了不同的计算机平台的驱动像 Acer、Dell、Toshiba、IBM、Intel、Chrombooks 等。
- pnp：插即用驱动，允许用户在插入一个像 USB 的设备后可以立即使用而不必手动配置设备。
- power：电源驱动使内核可以测量电池电量，检测充电器和进行电源管理。
- pps：Pulse-Per-Second 驱动用来控制电流脉冲速率，这用于计时。
- ps3：这是 Sony 的游戏控制台驱动——PlayStation3。
- ptp：图片传输协议（PTP）驱动支持一种从数码相机中传输图片的协议。
- pwm：脉宽调制（PWM）驱动用于控制设备的电流脉冲，主要用于控制像 CPU 风扇。
- RAPIDION：RAPIDIO 驱动用于管理 RAPIDIO 架构，它是一种高性能分组交换，用于电路板上交互芯片的交互技术，也用于互相使用底板的电路板。
- regulator：校准驱动用于校准电流、温度或其他可能系统存在的校准硬件，用于控制系统中某些设备的电压电流供应。
- remoteproc：这些驱动用来管理远程处理器。
- rpmsg：这个驱动用来控制支持大量驱动的远程处理器通信总线（rpmsg）。这些总线提供消息传递设施，促进客户端驱动程序编写自己的连接协议消息。该基础架构允许主处理器上的 Linux 操作系统管理远程处理器上远程软件环境的生命周期和通信——用于在 AMP 环境中的操作系统之间实现 IPC 的 rpmsg 组件和 API。
- rtc：实时时钟（RTC）驱动使内核可以读取时钟。

- s390：用于 31/32 位的大型机架构的驱动。
- sbus：用于管理基于 SPARC 的总线驱动。
- scsi：允许内核使用 SCSI 标准外围设备。例如，Linux 将在与 SCSI 硬件传输数据时使用 SCSI 驱动。
- sfi：简单固件接口（SFI）驱动，允许固件发送信息表给操作系统。这些表的数据称为 SFI 表。
- sh：该驱动用于支持 SuperHway 总线。
- sn：该驱动用于支持 IOC3 串口。
- spi：这些驱动处理串行设备接口总线（SPI），它是一个在全双工下运行的同步串行数据链路标准。全双工是指两个设备可以同一时间同时发送和接收信息。双工指的是双向通信。设备在主 / 从模式下通信（取决于设备配置）。
- ssb：ssb（Sonics Silicon Backplane）驱动提供对在不同博通芯片和嵌入式设备上使用的迷你总线的支持。
- staging：该目录含有许多子目录。这里所有的驱动还需要在加入主内核前经过更多的开发工作。
- target：SCSI 设备驱动。
- tc：这些驱动用于 TURBOchannel，TURBOchannel 是数字设备公司开发的 32 位开放总线。这主要用于 DEC 工作站。
- thermal：该驱动使 CPU 保持较低温度。
- tty：该驱动用于管理物理终端连接。
- uio：该驱动允许用户编译运行在用户空间而不是内核空间的驱动。这使用户驱动不会导致内核崩溃。
- usb：USB 设备允许内核使用 USB 端口。闪存驱动和记忆卡已经包含了固件和控制器，所以这些驱动程序允许内核使用 USB 接口和与 USB 设备。
- uwb：该驱动用来管理短距离，高带宽通信的超低功耗的射频设备。
- vfio：允许设备访问用户空间的 VFIO 驱动。
- vhost：这是用于宿主内核中的 virtio 服务器驱动，用于虚拟化中。
- video：这是用来管理显卡和监视器的视频驱动。
- virt：这些驱动用来虚拟化。
- virtio：这个驱动用来在虚拟 PCI 设备上使用 virtio 设备，用于虚拟化中。
- vlynq：这个驱动控制着由德州仪器开发的专有接口。这些都是宽带产品，像 WLAN 和调制解调器、VOIP 处理器、音频和数字媒体信号处理芯片。
- vme：WMEbus 最初是为摩托罗拉 68000 系列处理器开发的总线标准。
- w1：这些驱动用来控制 one-wire 总线。
- watchdog：该驱动管理看门狗定时器，这是一个可以用来检测和恢复异常的定时器。
- xen：该驱动是 Xen 管理程序系统。这是个允许用户运行多个操作系统在一台计算机的软件或硬件。这意味着 xen 的代码将允许用户在同一时间的一台计算机上运行两个或更多的 Linux 系统。用户也可以在 Linux 上运行 Windows、Solaris、FreeBSD 或其他操作系统。

● zorro：该驱动提供 Zorro Amiga 总线支持。

6. 内核配置

Linux 内核的配置由一系列的配置文件组成，Linux 内核系统大致由四个配置文件组成。

● Makefile：分布在 Linux 内核源码中的 Makefile，定义 Linux 内核的编译规则；顶层 Makefile 是整个内核配置、编译的总体控制文件。

● 配置文件（Kconfig）：内核配置文件，给用户提供配置选择的功能；包括由用户选择的配置选项，用来存放内核配置后的结果。

● 配置工具：包括对配置脚本中使用的配置命令进行解释的配置命令解释器和配置用户界面（基于字符界面：make config；基于 Ncurses 图形界面：make menuconfig；基于 xWindows 图形界面：make xconfig）。

● Rules.make：规则文件，被所有的 Makefile 使用。

7. 内核配置工具

为了方便开发者配置内核，内核设计了多种配置工具。

● make config：纯文本界面。

● make menuconfig：基于文本彩色菜单和单选列表。这个选项可以加快开发者开发速度，需要安装 ncurses（ncurses-devel），最常使用此方法。

● make nconfig：基于文本的彩色菜单，需要安装 curses（libcdk5-dev）。

● make xconfig：QT/X-windows 界面，需要安装 QT。

● make gconfig：Gtk/X-windows 界面，需要安装 GTK。

● make oldconfig：纯文本界面，但是其默认的问题是基于已有的本地配置文件。

● make silentoldconfig：和 oldconfig 相似，但是不会显示配置文件中已有的问题的回答。

● make olddefconfig：和 silentoldconfig 相似，但有些问题已经以它们的默认值选择。

● make defconfig：这个选项将会创建一份以当前系统架构为基础的默认设置文件。

● make ${PLATFORM}defconfig：创建一份使用 arch/$ARCH/configs/${PLATFORM} defconfig 中的值的配置文件。

● make allyesconfig：这个选项将会创建一份尽可能多的问题回答都为"yes"的配置文件。

● make allmodconfig：这个选项将会创建一份将尽可能多的内核部分配置为模块的配置文件。

● make allnoconfig：这个选项只会生成内核所必要代码的配置文件。它对尽可能多的问题都回答"no"。这有时会导致内核无法工作在为编译该内核的硬件上。

● make randconfig：这个选项会对内核选项随机选择。

● make localmodconfig：这个选项会根据当前已加载模块列表和系统配置来生成配置文件。

● make localyesconfig：将所有可装载模块（LKM）都编译进内核。

大多数开发者选择使用"make menucongfig"或者其他图形菜单之一。在内核源码顶层目录下键入上述配置命令后将打开内核配置选项。在配置内核时内核代码可以放进内核自身，也可以成为一个模块。例如，用户可以将蓝牙驱动作为一个模块加入（独立于内核），或者直接放到内核里，或者完全不加蓝牙驱动。当代码放到内核本身时，内核将会请求更多的内存并且启动会花费更长的时间。然而，内核会执行的更好。如果代码作为模块加入，代码将会一直存在于硬盘上直到被需要时加载。接着模块被加载到内存中。这可以减少内核的内存使用并减少启动的时间。然而，因为内核和模块在内存上相互独立所以会影响内核的性能。另一种选择是不添加一些代码。举例来说，内核开发人员假如知道系统永远都不会使用蓝牙设备，因此这个驱动就可以不加到内核中，这提升了内核的性能。然而，如果用户之后需要蓝牙设备，那么他需要安装蓝牙模块或者升级内核才行，如图 8-14 所示。

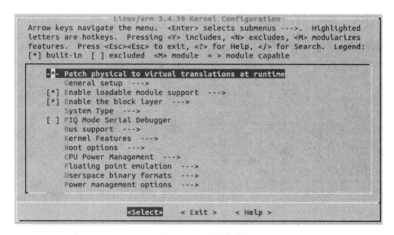

图 8-14　配置内核

在使用"make menuconfig"配置内核时，有三种配置可以选择：

① [ ]　：不编译此功能。

② [*]：将此功能编译进内核。

③ [M]：将此功能编译成模块。

8. 编译规则 Makefile

利用 make menuconfig（或 make config、make xconfig）等工具对 Linux 内核进行配置后，系统将产生配置文件（.config）。在编译时，顶层 Makefile 将读取 .config 中的配置选择。

顶层 Makefile 完成产生核心文件（vmlinux ）和内核模块（module）两个任务，为了达到此目的，顶层 Makefile 递归进入内核的各个子目录中，分别调用位于这些子目录中的 Makefile，然后进行编译。至于到底进入哪些子目录，取决于内核的配置。顶层 Makefile 中的 include arch/$（ARCH）/Makefile 指定特定 CPU 体系结构下的 Makefile，这个 Makefile 包含了特定平台相关的信息。

各个子目录下的 Makefile 同样也根据配置文件（.config）给出的配置信息，构造出当前配置下需要的源文件列表，并在文件最后有 include $（TOPDIR）/Rules.make。

顶层 Makefile 定义并向环境中输出了许多变量，为各个子目录下的 Makefile 传递一些变量信息。有些变量，比如 SUBDIRS，不仅在顶层 Makefile 中定义并且赋初值，而且在 arch/*/Makefile 还做了扩充。

9. 加入自己模块到内核

Linux 内核允许添加开发者自己的模块代码到内核中，下面笔者将以添加一个 test 模块到内核驱动为例说明此过程。

（1）创建驱动目录

在内核源码 drivers/ 目录下创建模拟驱动的代码目录 test，运行结果如图 8-15 所示。

```
$ cd drivers
$ mkdir test
```

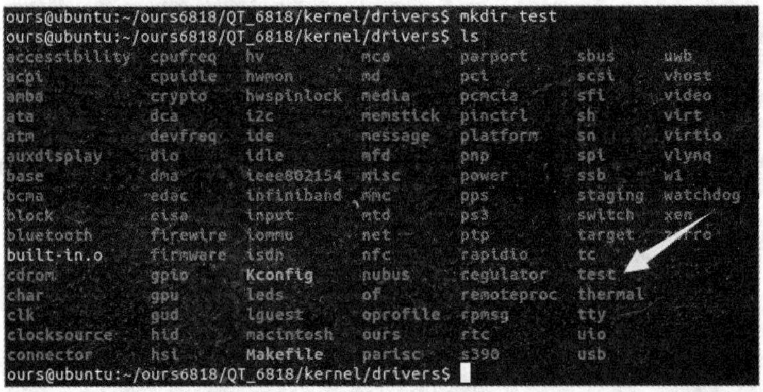

图 8-15　创建驱动目录

（2）编写代码

在 test 目录下创建一个 test.c 文件，并随便输入一段代码并保存，如图 8-16 所示。

```
$ cd test
$ gedit test.c
#include <linux/init.h>
#include <linux/module.h>
#include <linux/kernel.h>
static int hello_init(void)
{
    printk(KERN_ALERT "Hello world enter!\n");
    return 0;
```

```
}
static void hello_exit(void)
{
    printk(KERN_ALERT "Hello world exit...\n");
}
module_init(hello_init);
module_exit(hello_exit);
MODULE_LICENSE("GPL");
MODULE_AUTHOR("Tangle.Xu");
```

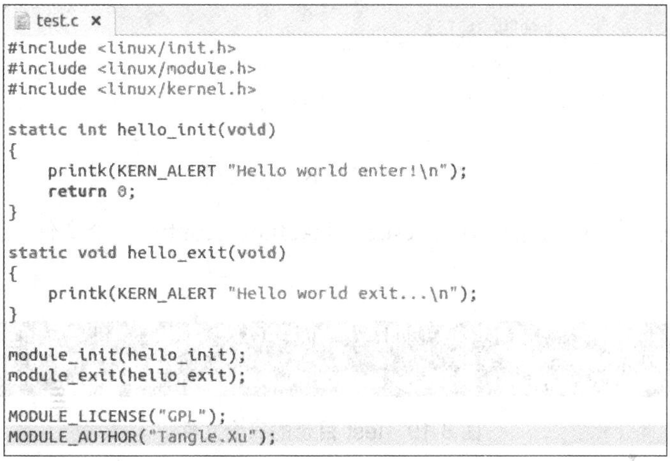

```
test.c ×
#include <linux/init.h>
#include <linux/module.h>
#include <linux/kernel.h>

static int hello_init(void)
{
    printk(KERN_ALERT "Hello world enter!\n");
    return 0;
}

static void hello_exit(void)
{
    printk(KERN_ALERT "Hello world exit...\n");
}

module_init(hello_init);
module_exit(hello_exit);

MODULE_LICENSE("GPL");
MODULE_AUTHOR("Tangle.Xu");
```

图 8-16　编写代码

（3）编写 Makefile

在 test 目录下创建 Makefile 文件，并保存，如图 8-17 所示。

```
$ gedit Makefile
obj-$(CONFIG_TEST) += test.o
```

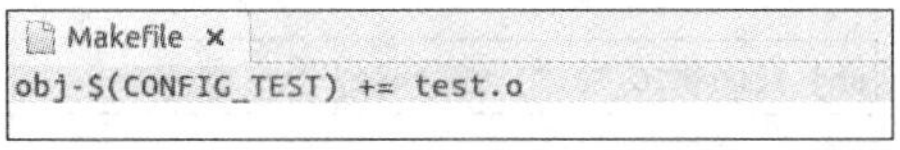

```
Makefile ×
obj-$(CONFIG_TEST) += test.o
```

图 8-17　编写 Makefile

CONFIG_TEST 是决定 test 是否编译进内核或者编译成模块的。这就是通过同一目录下的 Kconfig 来在配置界面中生成选项，由用户在 make menuconfig 中选择。

（4）编写 Kconfig 文件

在 test 目录下创建 Kconfig 配置文件，并保存，如图 8-18 所示。

```
$ gedit Kconfig
menu "Test driver" // 这是在图形配置显示的
config TEST
    tristate "Test driver" // 这同样也是在图形配置显示的
    default y
    help
        This is a test driver！ // 说明
endmenu
```

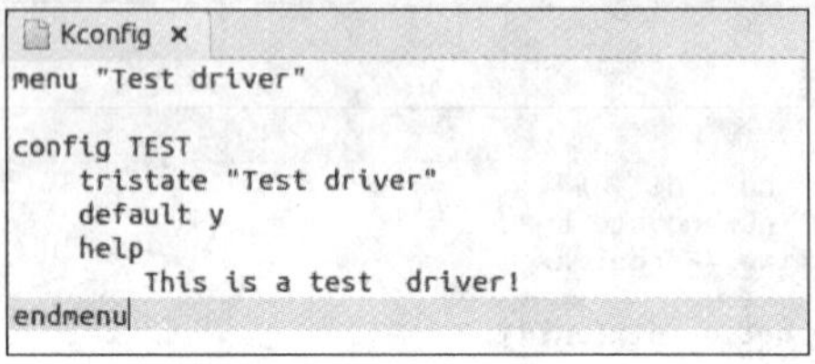

图 8-18　编写 Kconfig 文件

完成以上步骤后 test 目录应具有 test.c、Makefile、Kconfig 三个文件，运行结果如图 8-19
所示。

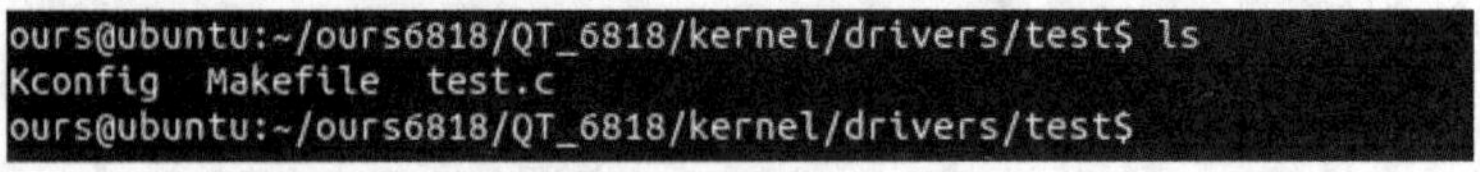

图 8-19　test 目录的三个文件

（5）修改上级目录 Makefile

修改 test 目录的上层目录中的 Makefile 文件并保存，也就是 drivers 目录下的 Makefile，
在其最后末尾添加，如图 8-20 所示。

```
$ cd ..
$ gedit Makefile
obj-$(CONFIG_TEST) += test/
```

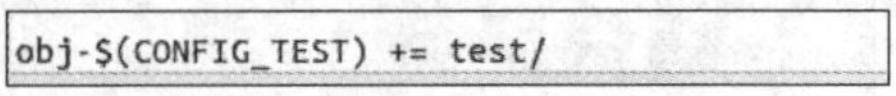

图 8-20　修改上级目录 Makefile

（6）修改上层 Kconfig

修改 test 目录的上层目录中的 Kconfig 文件并保存，也就是 drivers/Kconfig，如图 8-21
所示。

```
$ gedit Kconfig
source "drivers/test/Kconfig"
```

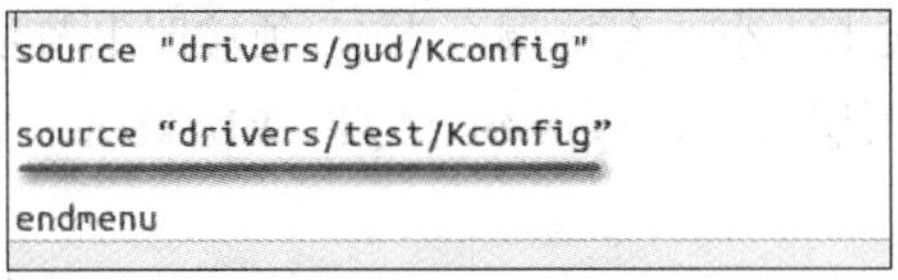

```
source "drivers/gud/Kconfig"

source "drivers/test/Kconfig"

endmenu
```

图 8-21　修改上层 Config 文件

（7）检验配置

完成以上步骤后，进入 kernel 源码顶层目录下，运行内核配置，将会在"Device Drivers"中看到我们新添加的"Test driver"项，如图 8-22、图 8-23 所示。

```
$ cd ..
$ make ARCH=arm menuconfig
```

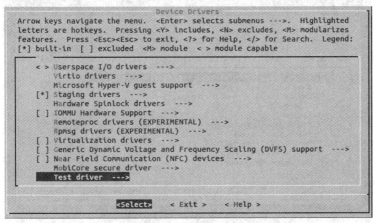

图 8-22　运行内核配置

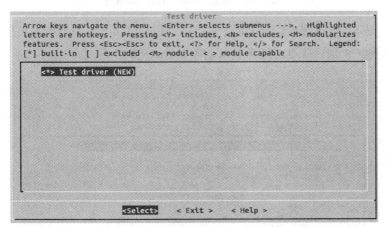

图 8-23　新添加的 Test driver 项

8.2.5　实验步骤

1. 配置 Linux 内核

所有工程代码均放在一个压缩包中，上一步编译 U-Boot 时已将其解压缩。本节无须再解压源码（如果用户未完成上一小节直接调至本节，须按照上节步骤完成源码解压）。

进入 Linux 内核源码顶层目录（/home/ours/QT_6818/kernel），使用内核配置工具配置内核，如图 8-24、图 8-25 所示。

```
$ cd ~/ours6818/QT_6818/kernel
$ make ARCH=arm menuconfig
```

```
ours@ubuntu:~$ cd ~/ours6818/QT_6818/kernel
ours@ubuntu:~/ours6818/QT_6818/kernel$ make ARCH=arm menuconfig
```

图 8-24　配置 Linux 内核

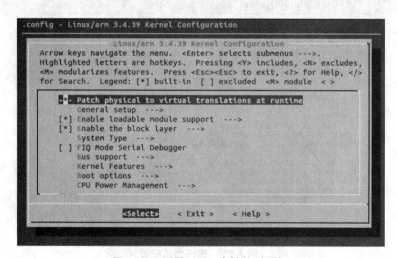

图 8-25　配置 Linux 内核的对话框

当配置完成后，使用键盘【Tab】键将焦点移到【Exit】，回车，如果更改过任何配置项，将弹出保存对话框（否则直接退回到终端），如图 8-26、图 8-27 所示。

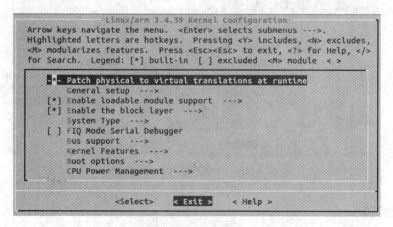

图 8-26　配置完成

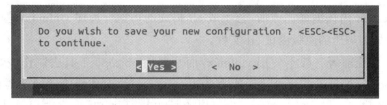

图 8-27　弹出保存对话框

焦点移到 <Yes>,回车,将保存配置,之后便可编译内核。

说明:在上图界面下即可对内核做配置,提供的工程已经配置完内核。用户自行更改配置可能导致无法正常编译,或者生成的镜像系统无法正常启动;目前只须知道配置方法即可,待熟悉之后再研究配置,笔者此处只说明如何进入配置。

2. 编译内核

进入 Linux 源码目录,其中 build 目录存放了编译脚本及交叉编译工具链,执行 kernel 编译脚本,结果如图 8-28 所示。

```
$ cd ~/ours6818/QT_6818
$ ./build/build_kernel.sh
```

```
ours@ubuntu:~$ cd ~/ours6818/QT_6818/
ours@ubuntu:~/ours6818/QT_6818$ ./build/build_kernel.sh
```

图 8-28　执行 Kernel 编程脚本

说明:编译内核使用的是 Android 的 Toolchain,在编译脚本中进行设置。

编译需要一段时间,其编译过程会打印在终端。编译成功后在将在 kernel/arch/arm/boot 目录下生成目标文件 uImage,此文件便是供 U-Boot 引导的 Linux 内核,结果如图 8-29 所示。

```
ours@ubuntu:~/ours6818/QT_6818/kernel/arch/arm/boot$ ls
bootp  compressed  dts  Image  install.sh  Makefile  uImage  zImage
ours@ubuntu:~/ours6818/QT_6818/kernel/arch/arm/boot$
```

图 8-29　生成目标文件 uImage

同时脚本会将生成的目标文件拷贝至 ~/ours6818/QT_6818/result/boot 目录,并通过 mkuserimg 工具将 boot 目录打包成 boot.img 存放在 result 目录,结果如图 8-30、图 8-31 所示。当 result 目录成功生成 boot.img,我们需要通过命令检查文件日期,看其是否为我们编译生成。

```
ours@ubuntu:~/ours6818/QT_6818/result/boot$ ls
battery.bmp  logo.bmp  ramdisk-recovery.img  root.img.gz  uImage  update.bmp
```

图 8-30　生成的目录文件拷贝至 boot 目录

```
ours@ubuntu:~/ours6818/QT_6818/result$ ls
boot  boot-hdmii-1080p-backup.img  boot.img  system  system.img  u-boot.bin
```

图 8-31　boot 目录被打包成 boot.img 存放在 result 目录

说明：Linux 内核编译完成后,会生成 elf 格式的可执行程序 vmlinux,这个就是原始的未经任何处理加工的原版内核 elf 文件。

嵌入式系统部署一般不使用 vmlinux,而是要用 objcopy 工具去制作成烧录镜像格式,经过 objcopy 处理过的烧录镜像的文件叫 Image(这个制作烧录镜像主要目的就是缩减大小,节省磁盘)。原则上 Image 是可以直接被烧录到 Flash 上进行启动执行,但是 Image 体积还是偏大,所以对 Image 进行了压缩,并且在 Image 压缩后的文件的前端附加了一部分自解压缩代码,构成了一个压缩格式的镜像叫 zImage。解压的时候,通过 zImage 镜像头部的解压缩代码进行自解压,然后执行解压出来的内核镜像。

U-Boot 为了启动 Linux 内核,其定义了一种内核格式叫 uImage,uImage 是由 zImage 处理得到的,U-Boot 中有一个 mkimage 工具,可以将 zImage 处理生成 uImage。uImage 不对 linux 内核做任何修改,当 LINUX 内核编译生成 zImage 后,U-Boot 中的 mkimage 工具将在 zImage 前面加上 64 字节的 uImage 的头信息,进而生成 uImage。

至此 Linux 内核便已完成,烧写需要使用 boot.img 文件。

8.3　其他实验

还有一些未在本章进行具体讲解的实验,如构建文件系统实验、使用 TF 卡烧写系统镜像实验、使用 FASTBOOT 烧写系统镜像实验、嵌入式 Linux Helloworld 实例、Linux 驱动程序、驱动应用实验等。具体实验步骤详见《嵌入式 Linux 实验手册 V0.9》(http://ics.nankai.edu.cn/embedded/LinuxV0.9.pdf)。

第 9 章　嵌入式 Linux Qt 编程

9.1　Linux 系统 tslib 库移植实验

9.1.1　实验目的

掌握 tslib 编译移植方法。

9.1.2　实验内容

Tslib 库的编译和移植。

9.1.3　实验设备

① Ubuntu 虚拟机。

② tslib 源码包。

9.1.4　实验原理

tslib 是触摸屏用于校准的一个软件库,是一个开源的程序,能够为触摸屏驱动获得的采样提供诸如滤波、去抖、校准等功能,通常作为触摸屏驱动的适配层,为上层的应用提供了一个统一的接口。因此这里先编译安装 tslib,这样在后面编译 Qt 的时候才能打包编译进去。

tslib 是嵌入式开发中使用 qt 开发之前需要搭建的一个必须的环境,通过 tslib,你编写的 qt 程序才能通过触摸屏进行操作,因此,学会如何搭建 tslib 是进行嵌入式开发的一个重要的环节。

tslib 是一个跨平台的库,提供对触摸屏设备的访问以及将过滤器应用于其输入事件的功能。在 Linux 和 FreeBSD 上,它支持使用输入事件驱动程序的所有现代设备,并包含多点触控支持。此外,它还支持 Palm Pre 的 CY8MRLN,UCB1x00, Sharp Zaurus sl-c7x0、sl-5500 / 5000d, HP / Compaq iPaq H3600, DMC, DMC DUS3000 系列, Hitachi Webpad, IBM Arctic II, Tatung Webpad, Waveshare 等。类库中的部分也适用于其他主机平台。

当操作系统不提供驱动程序支持时, tslib 可用于访问触摸屏设备。它还可以用于通过以任意数量或顺序应用数学滤波器来优化触摸用户体验。libts 库具有高度可配置性和便携性。tslib 包含校准、测试和使用库的工具。它非常适用于嵌入式设备,并在许多商业产品中使用。

9.1.5　实验步骤

1. 安装相关软件

（1）安装 32 位兼容库

软件安装 32 位兼容库运行结果如图 9-1 至图 9-5 所示。

```
$ sudo apt-get update
```

图 9-1　更新软件源

```
$ sudo apt-get install libc6-dev:i386
```

图 9-2　安装 libc6-dev:i386

```
$ sudo apt-get install libstdc++6
```

图 9-3　安装 libstdc++6

```
$ sudo apt-get install lib32stdc++6
```

图 9-4　安装 lib32stdc++6

```
$ sudo apt-get install lib32z1 lib32ncurses5 lib32bz2-1.0
```

图 9-5　安装 lib32z2-1.0

（2）安装生成 Makfile 软件

安装生成 Makfile 软件结果如图 9-6 所示。

$ sudo apt-get install autoconf automake autogen libtool

图 9-6　安装生成 Makefile 软件

（3）安装编译器（结果如图 9-7 所示）

$ sudo apt-get install build-essential gcc-multilib g++ libncurses5-dev

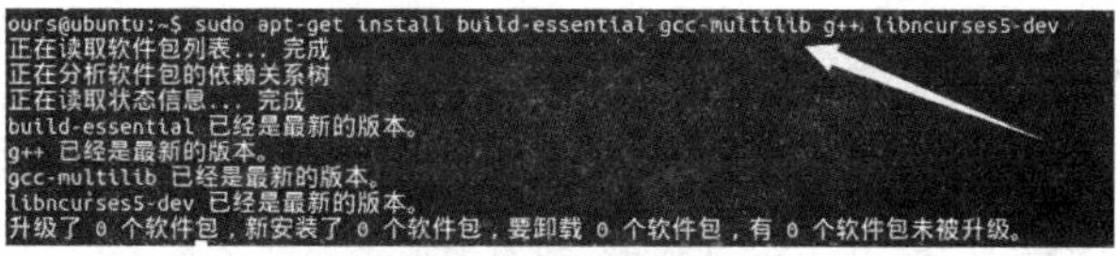

图 9-7　安装编译器

2. 安装交叉编译工具

（1）创建交叉编译工具目录

创建交叉编译工具，结果如图 9-8 所示。如果先前已创建可略过。

$ mkdir –p /usr/local/arm

图 9-8　创建交叉解译工具目标

（2）拷贝交叉编译工具并重命名

拷贝交叉编译工具并重命名，结果如图 9-9 所示。如果先前已完成可略过。

$ sudo cp /mnt/hgfs/share/gcc-linaro-arm-linux-gnueabihf-4.8-2014.04_linux.tar.xz /usr/local/arm/

图 9-9　拷贝效编译工具并重命名

（3）解压并重命名

解压并重命名软件，结果如图 9-10、图 9-11 所示。

```
$ cd /usr/local/arm
$ sudo tar -xvf gcc-linaro-arm-linux-gnueabihf-4.8-2014.04_linux.tar.xz
```

```
ours@ubuntu:~$ cd /usr/local/arm/
ours@ubuntu:/usr/local/arm$ sudo tar -xvf gcc-linaro-arm-linux-gnueabihf-4.8-2014.04_linux.tar.xz
```

图 9-10　解压

```
$ mv gcc-linaro-arm-linux-gnueabihf-4.8-2014.04_linux arm-linux-gnueabihf-4.8
```

```
ours@ubuntu:/usr/local/arm$ mv gcc-linaro-arm-linux-gnueabihf-4.8-2014.04_linux arm-linux-gnueabihf-4.8
```

图 9-11　重命名

3. 配置环境变量

（1）修改 /etc/profile

修改 /etc/profile，在其末尾添加如下几行（结果如图 9-12、图 9-13 所示）。

```
export PATH=/usr/local/arm/arm-linux-gnueabihf-4.8/bin:$PATH
export TOOL_CHAIN=/usr/local/arm/arm-linux-gnueabihf-4.8/
export TB_CC_PREFIX=arm-linux-gnueabihf-
export PKG_CONFIG_PREFIX=$TOOL_CHAIN/arm-linux-gnueabihf
```

```
ours@ubuntu:/usr/local/arm$ sudo gedit /etc/profile
```

图 9-12　修改 /etc/profile

```
# config PATH for General's Toolchain with linaro 4.8
export PATH=/usr/local/arm/arm-linux-gnueabihf-4.8/bin:$PATH
export TOOL_CHAIN=/usr/local/arm/arm-linux-gnueabihf-4.8/
export TB_CC_PREFIX=arm-linux-gnueabihf-
export PKG_CONFIG_PREFIX=$TOOL_CHAIN/arm-linux-gnueabihf
```

图 9-13　添加新代码

（2）运行 profile 脚本（结果如图 9-14 所示）

```
$ source /etc/profile
```

```
ours@ubuntu:/usr/local/arm$ source /etc/profile
ours@ubuntu:/usr/local/arm$
```

图 9-14　运行 profile 脚本

（3）查看环境变量（结果如图 9-15 所示）

```
$ echo $PATH
```

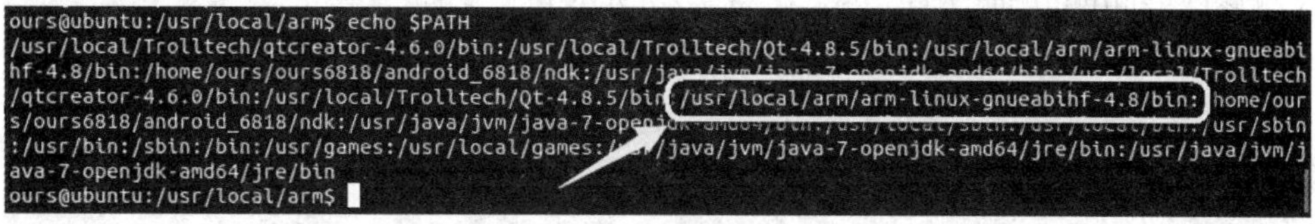

图 9-15　查看环境变量

（4）检验环境变量是否设置成功（结果如图 9-16 所示）

```
$ arm-linux-gnueabihf-gcc -v
```

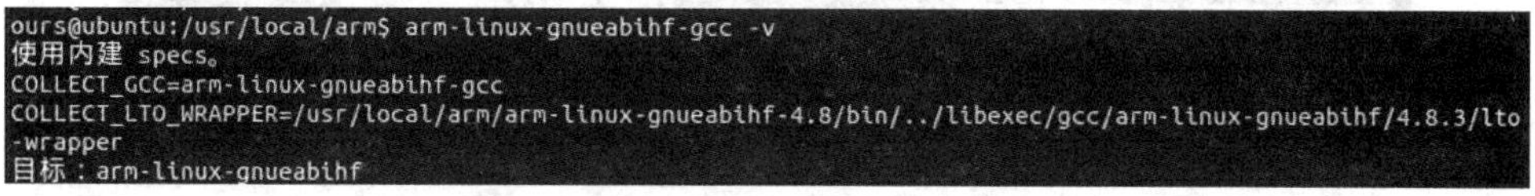

图 9-16　检查环境变量是否设置成功

如果出现如图 9-17 所示的错误提示说明没有安装 32 位兼容库。

图 9-17　错误提示

需要使用 $ sudo apt-get install lib32stdc++6 安装兼容库。

4. 修改文件

（1）创建工作目录，解压 tslib 源码（结果如图 9-18 和图 9-19 所示）

Tslib 库源码可以从其官方网站 http://www.tslib.org/ 获取。

```
$ mkdir /home/ours/ours_qt
$ cp /mnt/hgfs/share/tslib-master.zip /home/ours/ours_qt/
```

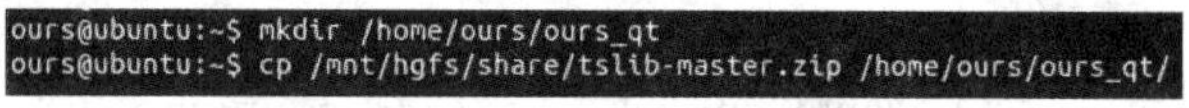

图 9-18　创建工作目录

```
$ cd /home/ours/ours_qt/
$ unzip tslib-master.zip
```

图 9-19　解压 tslib 源码

（2）修改 configure.ac 文件（结果如图 9-20 所示）

在 AM_INIT_AUTOMAKE 前一行添加：AC_CONFIG_AUX_DIR([.])。

```
$ cd tslib-master
$ vim configure.ac
```

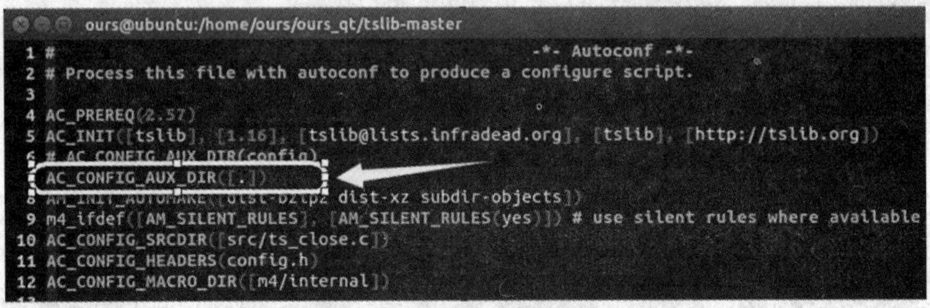

图 9-20　修改 configure.ac 文件

（3）生成编译脚本

进入 tslib 目录，执行 autogen.sh，生成编译脚本如图 9-21 所示。

```
$ ./autogen.sh
```

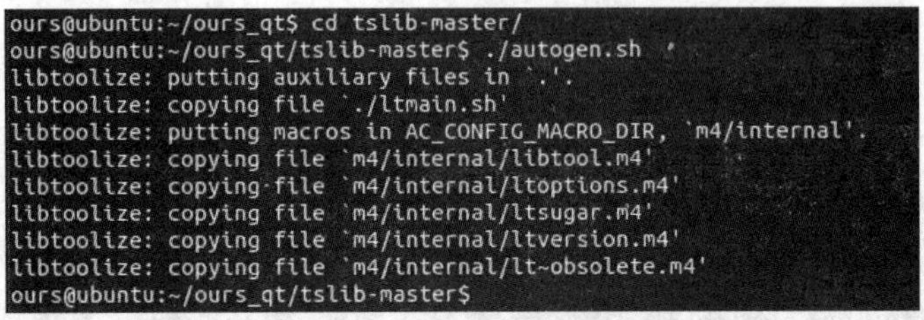

图 9-21　生成编译脚本

5. 配置编译 tslib

（1）修改 configure 文件

只有成功执行了上一步的 ./autogen.sh 后才会生成 configure 文件。编辑此文件，去掉其中的 -V -qversion，因为编译器并没有此选项，结果如图 9-22 所示。

```
$ vim configure
```

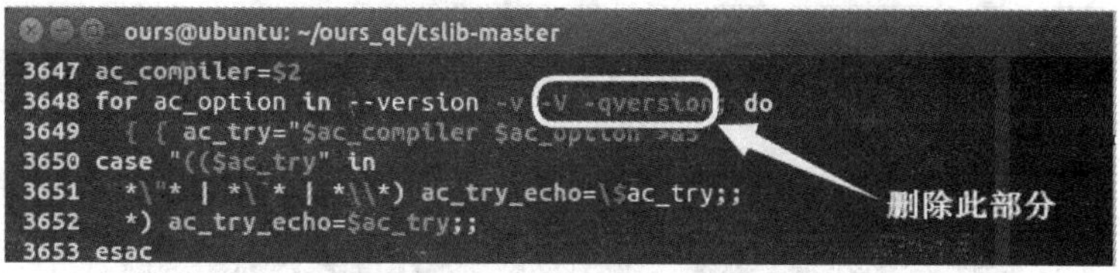

图 9-22 修改 configure 文件

（2）配置 tslib

在成功通过上一步生成编译脚本后，在 tslib 目录下执行如下指令配置 tslib。结果如图 9-23 所示。

```
$./configure        --host=arm-linux-gnueabihf        ac_cv_func_malloc_0_nonnull=yes
--cache-file=arm-linux-gnueabihf.cache      --prefix=/opt/ours/tslib      CC=/usr/local/arm/arm-li-
nux-gnueabihf-4.8/bin/arm-linux-gnueabihf-gcc
```

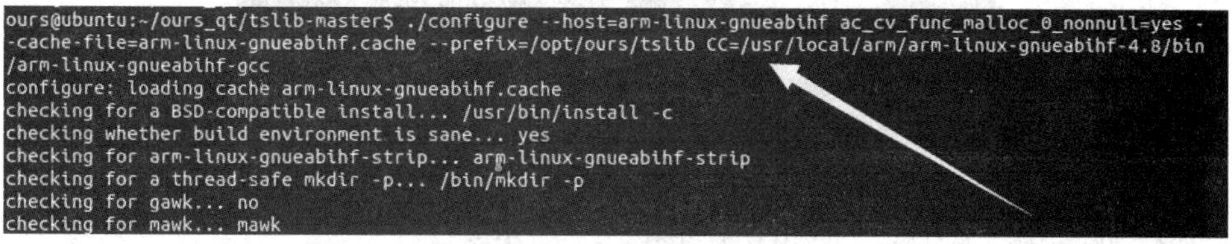

图 9-23 配置 tslib

关于 configure 参数说明如下。

--host=arm-linux-gnueabihf：指定运行的平台，也就是交叉编译工具

--prefix=/opt/ours/tslib：指定 make install 时安装的目录

ac_cv_func_malloc_0_nonnull=yes：这是由于 configure 会检查 ac_cv_func_malloc_0_nonnull 这个过程，而这样会导致 rpl_malloc 问题，所以自建一个 cache 来欺骗 configure

--cache-file=arm-linux-gnueabihf.cache：任意指定的缓存文件

CC=/usr/local/arm/arm-linux-gnueabihf-4.8/bin/arm-linux-gnueabihf-gcc：配置编译器 CC 宏，指定编译器

（3）编译及安装

当完成配置后，在 tslib 目录下执行编译指令，结果如图 9-24 至图 9-26 所示。

```
$ make
```

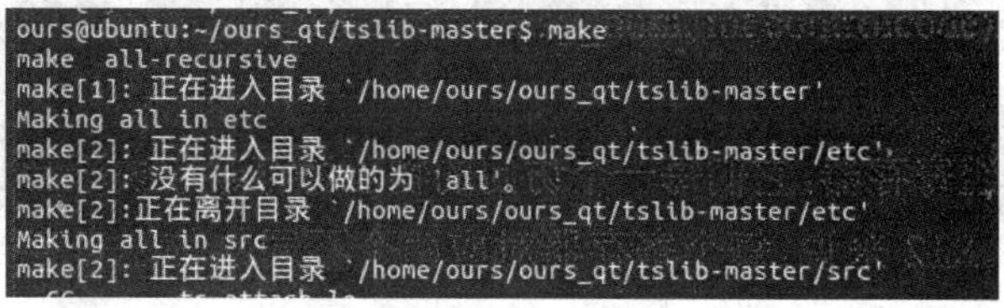

图 9-24 执行编译指令

$ sudo make install

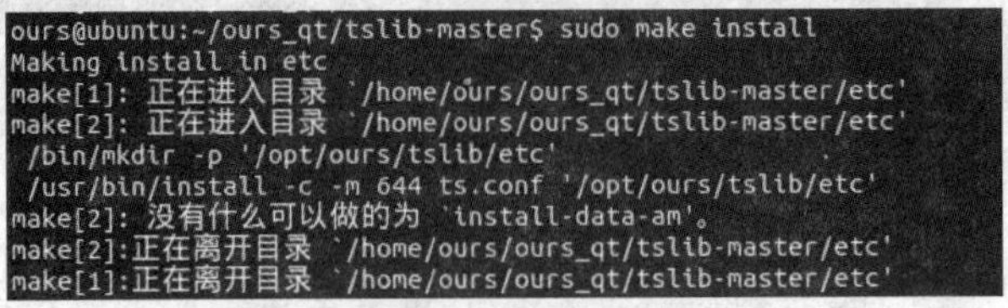

```
ours@ubuntu:~/ours_qt/tslib-master$ sudo make install
Making install in etc
make[1]: 正在进入目录 `/home/ours/ours_qt/tslib-master/etc'
make[2]: 正在进入目录 `/home/ours/ours_qt/tslib-master/etc'
 /bin/mkdir -p '/opt/ours/tslib/etc'
 /usr/bin/install -c -m 644 ts.conf '/opt/ours/tslib/etc'
make[2]: 没有什么可以做的为 `install-data-am'。
make[2]:正在离开目录 `/home/ours/ours_qt/tslib-master/etc'
make[1]:正在离开目录 `/home/ours/ours_qt/tslib-master/etc'
```

图 9-25　安装

成功编译后在 /opt/ours/tslib 下将生成 bin、etc、include、lib、share 五个目录

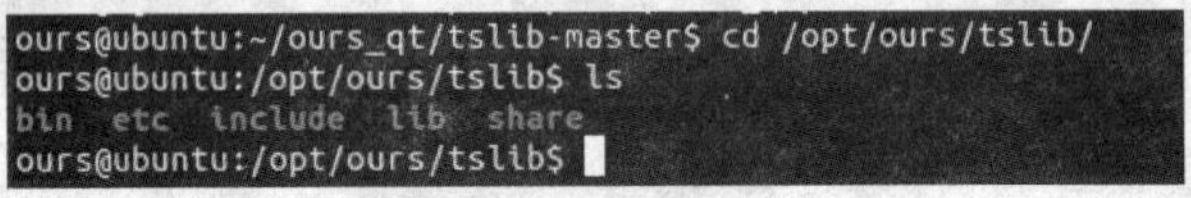

```
ours@ubuntu:~/ours_qt/tslib-master$ cd /opt/ours/tslib/
ours@ubuntu:/opt/ours/tslib$ ls
bin  etc  include  lib  share
ours@ubuntu:/opt/ours/tslib$
```

图 9-26　生成五个目录

注意事项：

（1）可能会出现找不到文件错误（如图 9-27 所示）

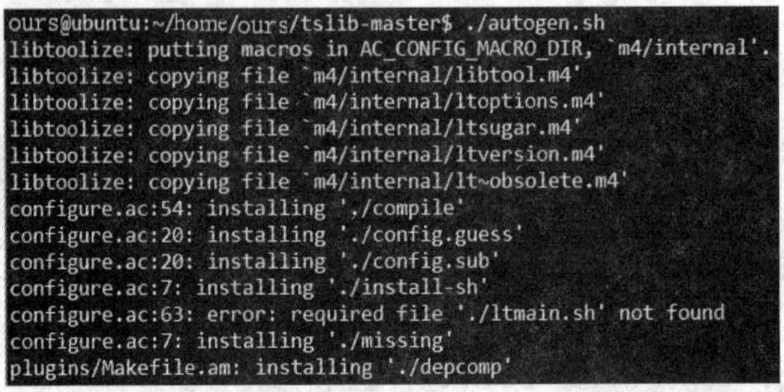

```
ours@ubuntu:~/home/ours/tslib-master$ ./autogen.sh
libtoolize: putting macros in AC_CONFIG_MACRO_DIR, `m4/internal'.
libtoolize: copying file `m4/internal/libtool.m4'
libtoolize: copying file `m4/internal/ltoptions.m4'
libtoolize: copying file `m4/internal/ltsugar.m4'
libtoolize: copying file `m4/internal/ltversion.m4'
libtoolize: copying file `m4/internal/lt~obsolete.m4'
configure.ac:54: installing './compile'
configure.ac:20: installing './config.guess'
configure.ac:20: installing './config.sub'
configure.ac:7: installing './install-sh'
configure.ac:63: error: required file './ltmain.sh' not found
configure.ac:7: installing './missing'
plugins/Makefile.am: installing './depcomp'
```

图 9-27　出现找不到文件错误

解决方法：如果出现如上图错误，说明没有修改 configure.ac 文件，在 configure.ac 文件中 AM_INIT_AUTOMAKE 前一行添加：AC_CONFIG_AUX_DIR([.])，结果如图 9-28 所示。

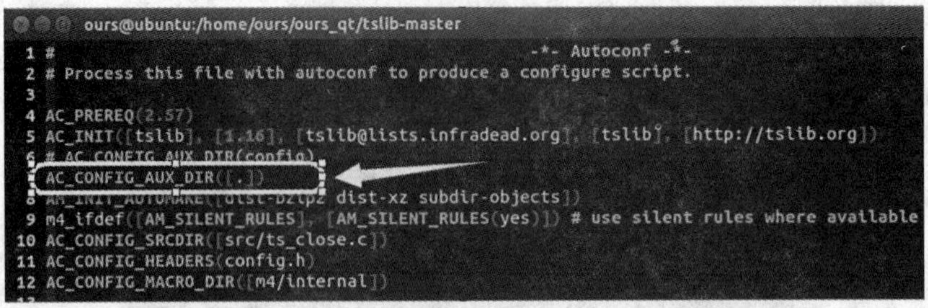

```
ours@ubuntu:/home/ours/ours_qt/tslib-master
1 #                                        -*- Autoconf -*-
2 # Process this file with autoconf to produce a configure script.
3
4 AC_PREREQ(2.57)
5 AC_INIT([tslib], [1.16], [tslib@lists.infradead.org], [tslib], [http://tslib.org])
6 # AC_CONFIG_AUX_DIR(config)
7 AC_CONFIG_AUX_DIR([.])
8 AM_INIT_AUTOMAKE([dist-bzip2 dist-xz subdir-objects])
9 m4_ifdef([AM_SILENT_RULES], [AM_SILENT_RULES(yes)]) # use silent rules where available
10 AC_CONFIG_SRCDIR([src/ts_close.c])
11 AC_CONFIG_HEADERS(config.h)
12 AC_CONFIG_MACRO_DIR([m4/internal])
```

图 9-28　解决方法

(2)清除先前配置

执行过 ./autogen.sh 后,不管成功与否,下次配置编译须执行 ./autogen-clean.sh 将之前的操作清除掉,结果如图 9-29 所示。

```
ours@ubuntu:~/ours_qt/tslib-master$ ./autogen-clean.sh
Making make distclean...
Making distclean in etc
make[1]: 正在进入目录 `/home/ours/ours_qt/tslib-master/etc'
rm -rf .libs _libs
rm -f *.lo
test -z "" || rm -f
test . = "." || test -z "" || rm -f
rm -f Makefile
```

图 9-29　清除先前配置

(3)如果出现没有 C 编译器如下错误(如图 9-30 所示)。

```
configure: creating cache arm-linux-gnueabihf.cache
checking for a BSD-compatible install... /usr/bin/install -c
checking whether build environment is sane... yes
checking for arm-linux-gnueabihf-strip... arm-linux-gnueabihf-strip
checking for a thread-safe mkdir -p... /bin/mkdir -p
checking for gawk... no
checking for mawk... mawk
checking whether make sets $(MAKE)... yes
checking whether make supports nested variables... yes
checking whether make supports nested variables... (cached) yes
checking build system type... x86_64-unknown-linux-gnu
checking host system type... arm-unknown-linux-gnueabihf
checking for arm-linux-gnueabihf-gcc... arm-linux-gnueabihf-gcc
checking whether the C compiler works... no
configure: error: in `/home/ours/ours_qt/tslib-master':
configure: error: C compiler cannot create executables
See `config.log' for more details
```

图 9-30　出现没有 C 编译器错误

解决方法:修改 /etc/profile 文件,在文件末尾中添加如下几行。

```
export PATH=/usr/local/arm/arm-linux-gnueabihf-4.8/bin:$PATH
export TOOL_CHAIN=/usr/local/arm/arm-linux-gnueabihf-4.8/
export TB_CC_PREFIX=arm-linux-gnueabihf-
export PKG_CONFIG_PREFIX=$TOOL_CHAIN/arm-linux-gnueabihf
```

另外,使用 sudo apt-get install build-essential 安装编译器。

(4)如果出现编译器选项如下错误(如图 9-31 所示)

```
configure:3647: arm-linux-gnueabihf-gcc -V >&5
arm-linux-gnueabihf-gcc: error: unrecognized command line option '-V'
arm-linux-gnueabihf-gcc: fatal error: no input files
compilation terminated.
configure:3658: $? = 1
configure:3647: arm-linux-gnueabihf-gcc -qversion >&5
arm-linux-gnueabihf-gcc: error: unrecognized command line option '-qversion'
arm-linux-gnueabihf-gcc: fatal error: no input files
compilation terminated.
```

图 9-31　出现编译器选项错误

解决方法:修改 configure 文件,删除 -V -qversion,因为编译器没有此选项(如图 9-32 所示)。

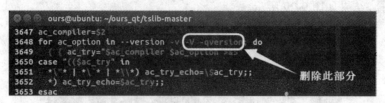

图 9-32　解决方法

(5)删除配置缓存

一旦使用 configure 配置后,再次配置前需要先删除之前的配置缓存,结果如图 9-33 所示。

$ rm -rf arm-linux-gnueabihf.cache

```
ours@ubuntu:~/ours_qt/tslib-master$ rm -rf arm-linux-gnueabihf.cache
ours@ubuntu:~/ours_qt/tslib-master$
```

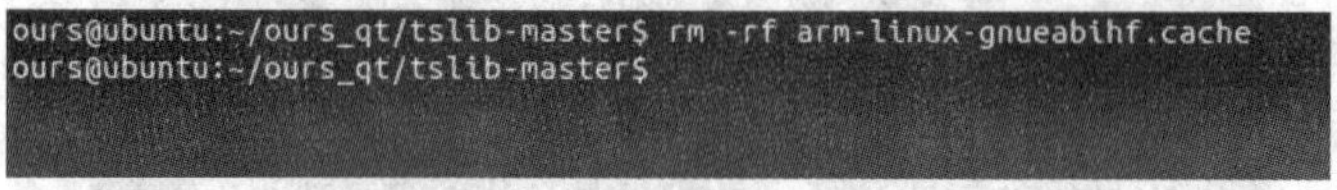

图 9-33　清除配置缓存

(6)如果出现缺少系统库错误: error while loading shared libraries: libz.so.1: cannot open shared object file: No such file or directory(如图 9-34 所示)

```
configure:3700: arm-linux-gnueabihf-gcc -O2 -Wall -W -fPIC  conftest.c >&5
/usr/local/arm/arm-linux-gnueabihf-4.8/bin/../libexec/gcc/arm-linux-gnueabihf/4.8.3/cc1: error while loading shared libraries: libz.so.1: cannot open shared
object file: No such file or directory
configure:3704: $? = 1
configure:3742: result: no
```

图 9-34　出现缺少系统库错误

解决方法:使用 $ sudo apt-get install lib32z1 安装缺失的依赖库。

6. 移植 TSLIB

(1)创建文件系统目录

在 /home/ours/ours_qt 目录下创建 busybox-rootfs 目录。结果如图 9-35 所示。

$ mkdir busybox-rootfs

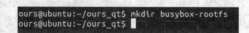

图 9-35　创建文件系统目录

在 busybox-rootfs 目录下使用 sudo 命令创建 rootfs 目录,结果如图 9-36 所示。

```
$ cd busybox-rootfs
$ sudo mkdir rootfs
```

图 9-36　创建 rootfs 目录

将 rootfs.tar 拷贝到 busybox-rootfs 目录,并解压到 rootfs 目录,结果如图 9-37、图 9-38 所示。

```
$ cp /mnt/hgfs/share/rootfs.tar  /home/ours/ours_qt/busybox-rootfs/
```

图 9-37　拷贝 rootfs.tar 文件

```
$ sudo tar -xvf rootfs.tar -C rootfs/
```

图 9-38　解压到 rootfs 目录

使用 sudo 创建的目录,用户及组用户都是 root,结果如图 9-39 所示。

```
$ ls –las
```

图 9-39　用户及组用户都是 root

（2）构建 rootfs

接下来可以根据需要修改 rootfs,修改、增加删除相关文件,移植 tslib、qt4.8.5 也是在此基础上修改 rootf。并不是必须按照以下内容修改 rootfs,根据需要再具体修改。

①创建必要目录（如果没有）,结果如图 9-40 所示。

```
$ cd rootfs
$ sudo mkdir -vp root home etc dev usr/lib usr/include usr/share/man lib tmp mnt sys proc
lib/firmware opt/ours/{tslib,Qt-4.8.5}
```

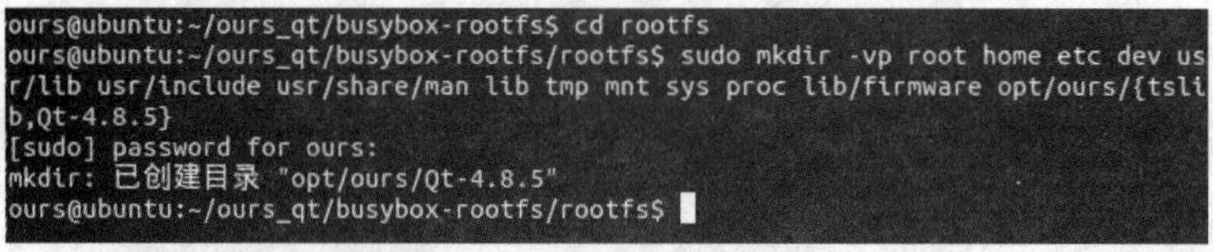

嵌入式系统原理实验教程——ARM 体系结构

图 9-40　创建必要目录

②从交叉编译工具中拷贝 libc 库文件。

rootfs 制作已经拷贝，不需要再次拷贝。确定需要的库文件不存在时再手动操作，结果如图 9-41 所示。

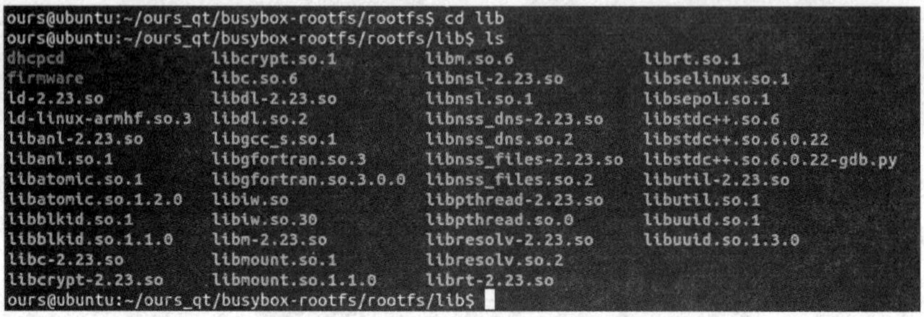

图 9-41　拷贝 libc 库文件

③在 dev 下创建结点文件，结果如图 9-42 所示。

```
$ cd dev
$ sudo mknod console c 5 1
$ sudo mknod null c 1 3
```

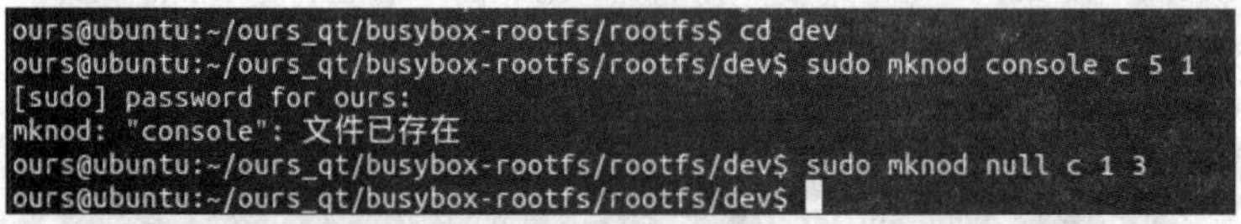

图 9-42　在 dev 下创建节点文件

④修改 etc/profile。

修改 profile 文件在其中添加 export PS1='[\u@\h:`/bin/pwd`]\$ ' 后保存退出，结果如图 9-43、图 9-44 所示。

```
\u 指定用户用户、\h 指定主机吗名、`pwd` 显示当前路径
$ cd ../etc
$ sudo vim profile
```

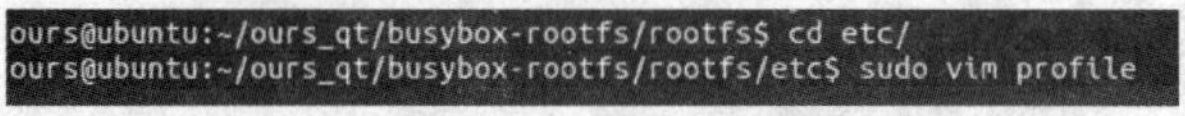

图 9-43　修改 etc/profile

图 9-44　添加新代码

⑤配置网络（两种方法选一种）。

配置网络方法一：修改 etc/init.d/rcS 文件，添加网络配置信息，结果如图 9-45、图 9-46 所示。

```
/sbin/ifconfig lo 127.0.0.1 netmask 255.0.0.0
/sbin/ifconfig eth0 192.168.1.70
/sbin/ifconfig eth0 netmask 255.255.255.0
/sbin/route add default gw 192.168.1.1 eth0
$ cd etc/init.d
$ sudo vim rcS
```

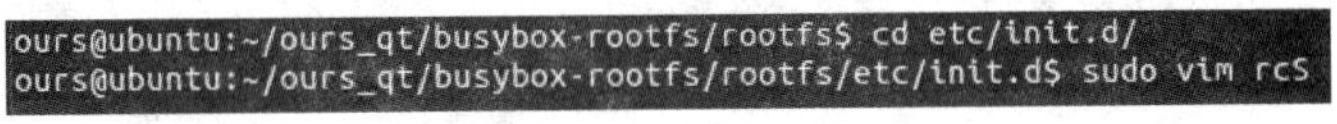

```
ours@ubuntu:~/ours_qt/busybox-rootfs/rootfs$ cd etc/init.d/
ours@ubuntu:~/ours_qt/busybox-rootfs/rootfs/etc/init.d$ sudo vim rcS
```

图 9-45　修改文件

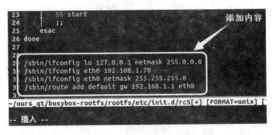

图 9-46　添加网络配置信息

配置网络方法二：修改 etc/network/interfaces 文件，添加如下内容，结果如图 9-47、图 9-48 所示。

```
auto eth0
iface eth0 inet static
address 192.168.1.70
netmask 255.255.255.0
gateway 192.168.1.1
$ cd ..
$ sudo vim network/interfaces
```

```
ours@ubuntu:~/ours_qt/busybox-rootfs/rootfs/etc$ sudo vim network/interfaces
```

图 9-47　修改文件

```
ours@ubuntu: ~/ours_qt/busybox-rootfs/rootfs/etc
1 # interface file auto-generated by buildroot
2
3 auto lo
4 iface lo inet loopback
5
  auto eth0
  iface eth0 inet static
  address 192.168.1.70          ←  添加
  netmask 255.255.255.0             内容
1 gateway 192.168.1.1
```

图 9-48　添加代码

⑥配置 DNS 信息。

修改 etc/resolv.conf 文件,添加 DNS 信息,不同的地方 DNS 不同,请根据实际情况修改,如笔者在北京,添加 DNS 信息如下,结果如图 9-49、图 9-50 所示。

```
nameserver 114.114.114.114
nameserver 8.8.8.8
$ sudo vim resolv.conf
```

```
ours@ubuntu:~/ours_qt/busybox-rootfs/rootfs/etc$ sudo vim resolv.conf
```

图 9-49　修改文件

```
ours@ubuntu: ~/ours_qt/busybox-rootfs/rootfs/etc
nameserver 114.114.114.114        ←  添加内容
nameserver 8.8.8.8
```

图 9-50　添加 DNS 信息

(3)将 tslib 文件拷贝到 rootfs 中

①将 TSlib 编译的 lib 文件拷贝到 rootfs 中,结果如图 9-51 所示。

```
$ cd /opt/ours/tslib
$ sudo cp -ar lib/* /home/ours/ours_qt/busybox-rootfs/rootfs/usr/lib/
```

```
ours@ubuntu:~/ours_qt/busybox-rootfs/rootfs/etc$ cd /opt/ours/tslib/
ours@ubuntu:/opt/ours/tslib$ sudo cp -ar lib/* /home/ours/ours_qt/busybox-rootfs/rootfs/usr/lib/
ours@ubuntu:/opt/ours/tslib$
```

图 9-51　将 lib 文件拷贝到 rootfs

②将 TSlib 编译的 bin 文件拷贝到 rootfs,结果如图 9-52 所示。

```
$ sudo cp -ar bin/* /home/ours/ours_qt/busybox-rootfs/rootfs/usr/bin/
```

```
ours@ubuntu:/opt/ours/tslib$ sudo cp -ar bin/* /home/ours/ours_qt/busybox-rootfs/rootfs/usr/bin/
ours@ubuntu:/opt/ours/tslib$
```

图 9-52　将 bin 文件拷贝到 rootfs

③将 tslib 编译的 etc 下的配置文件拷贝到 rootfs,结果如图 9-53 所示。

```
$ sudo cp -ar etc/* /home/ours/ours_qt/busybox-rootfs/rootfs/etc/
```

```
ours@ubuntu:/opt/ours/tslib$ sudo cp -ar etc/* /home/ours/ours_qt/busybox-rootfs/rootfs/etc/
ours@ubuntu:/opt/ours/tslib$
```

图 9-53　将 etc 下的配置文件拷贝到 rootfs

④将 tslib 头文件拷贝到 rootfs,结果如图 9-54 所示。

```
$ sudo cp -ar include/* /home/ours/ours_qt/busybox-rootfs/rootfs/usr/include/
```

```
ours@ubuntu:/opt/ours/tslib$ sudo cp -ar include/* /home/ours/ours_qt/busybox-rootfs/rootfs/usr/include/
ours@ubuntu:/opt/ours/tslib$
```

图 9-54　将 tslib 头文件拷贝到 rootfs

⑤将 tslib 帮助文档拷贝到 rootfs,结果如图 9-55 所示。

```
$ sudo cp -ar share/man/* /home/ours/ours_qt/busybox-rootfs/rootfs/usr/share/man/
```

```
ours@ubuntu:/opt/ours/tslib$ sudo cp -ar share/man/* /home/ours/ours_qt/busybox-rootfs/rootfs/usr/share/man/
ours@ubuntu:/opt/ours/tslib$
```

图 9-55　将 tslib 帮助文档拷贝到 rootfs

⑥将 TSLIB 整个目录拷贝到 rootfs,结果如图 9-56 所示。

```
$ sudo cp -ar * /home/ours/ours_qt/busybox-rootfs/rootfs/opt/ours/tslib/
```

```
ours@ubuntu:/opt/ours/tslib$ sudo cp -ar * /home/ours/ours_qt/busybox-rootfs/rootfs/opt/ours/tslib/
ours@ubuntu:/opt/ours/tslib$ cd /home/ours/ours_qt/busybox-rootfs/rootfs/opt/ours/tslib/
ours@ubuntu:~ours_qt/busybox-rootfs/rootfs/opt/ours/tslib$ ls
bin  etc  include  lib  share
ours@ubuntu:~/ours_qt/busybox-rootfs/rootfs/opt/ours/tslib$
```

图 9-56　将 TSLIB 整个目录拷贝到 rootfs

⑦检查修改 ts.conf 文件。

由于我们将 ts.conf 文件拷贝到了两处,分别在 rootfs/etc/ts.conf 和 rootfs/opt/ours/tslib/

etc/ts.conf,所以两处都要检查。

```
$ cd /home/ours/ours_qt/busybox-rootfs/rootfs/etc/
$ sudo vim ts.conf
```

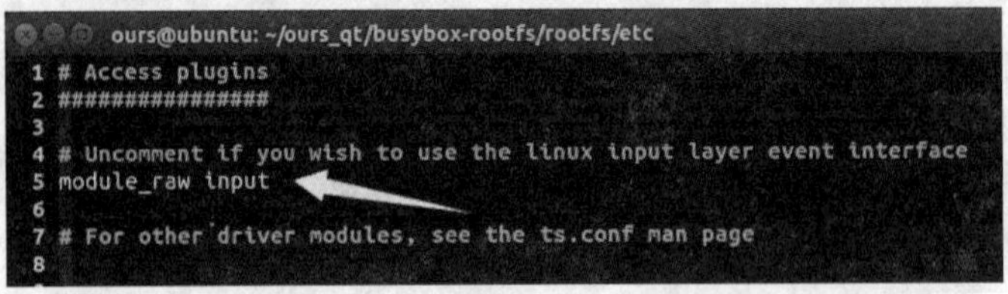

图 9-57　检查修改 ts.conf 文件

如果 module_raw input 默认被注释掉的话,需要将其去掉注释,结果如图 9-57 所示(早期版本可能出现此问题)。

```
ts.conf 文件说明:
module_raw input
module pthres pmin=1
module variance delta=30
module dejitter delta=100
module linear
```

第一行是 tslib 从 Linux 的输入设备读取数据时需要用到的模块,这里指定的模块为 input,具体需要用到哪个模块需要参考其他数据。

第二行的 pthres 为 Tslib 提供的触摸屏灵敏度门槛插件。

第三行的 variance 为 Tslib 提供的触摸屏滤波算法插件。

第四行的 dejitter 为 Tslib 提供的触摸屏去噪算法插件。

第五行 linear 为 Tslib 提供的触摸屏坐标变换插件。

⑧ 编辑环境变量。

在 /home/ours/ours_qt/busybox-rootfs/rootfs/etc/init.d 目录下创建 rc_env.sh 脚本文件,在其中添加如下内容,结果如图 9-58、图 9-59 所示。

```
# tslib environment
export TSLIB_TSDEVICE=/dev/input/event1
export TSLIB_TSEVENTTYPE=input
export TSLIB_CONSOLEDEVICE=none
export TSLIB_CONFFILE=/opt/ours/tslib/etc/ts.conf
export POINTERCAL_FILE=/etc/pointercal
```

```
export TSLIB_CALIBFILE=/etc/pointercal
export TSLIB_PLUGINDIR=/opt/ours/tslib/lib/ts
export TSLIB_FBDEVICE=/dev/fb0
export PATH=/opt/ours/tslib/bin:$PATH
export LD_LIBRARY_PATH=/opt/ours/tslib/lib:$LD_LIBRARY_PATH
if [ -f /etc/pointercal ]; then
     echo "calibrated"
else
     /opt/ours/tslib/bin/ts_calibrate
     sync
fi
$ sudo vim rc_env.sh
```

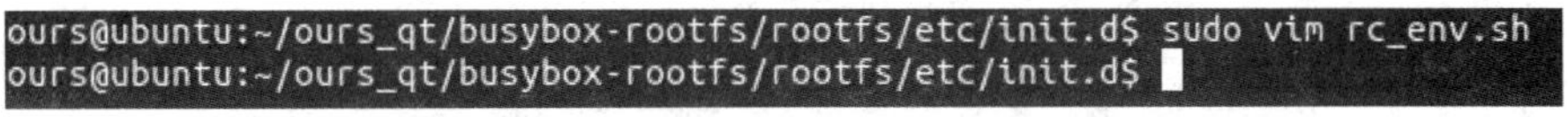

图 9-58　创建 rc_env.sh 脚本文件

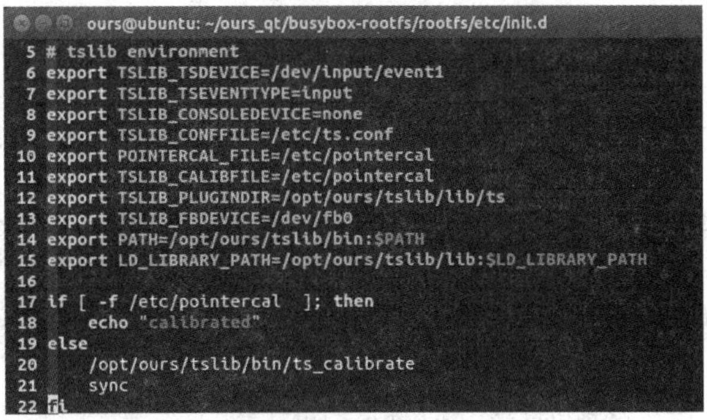

图 9-59　添加代码

增加执行权限，结果如图 9-60 所示。

```
$ sudo chmod a+x rc_env.sh
```

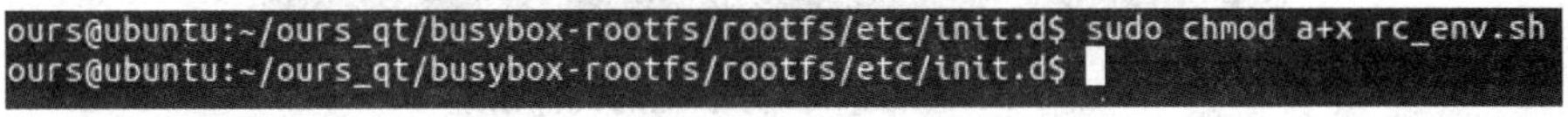

图 9-60　增加执行权限

修改 /home/ours/ours_qt/busybox-rootfs/rootfs/etc/init.d/rcS 文件，增加下面内容，结果如图 9-61、图 9-62 所示。

```
if [ -f /etc/init.d/rc_env.sh ]; then
source /etc/init.d/rc_evn.sh
fi
$ sudo vim rcS
```

图 9-61　修改文件

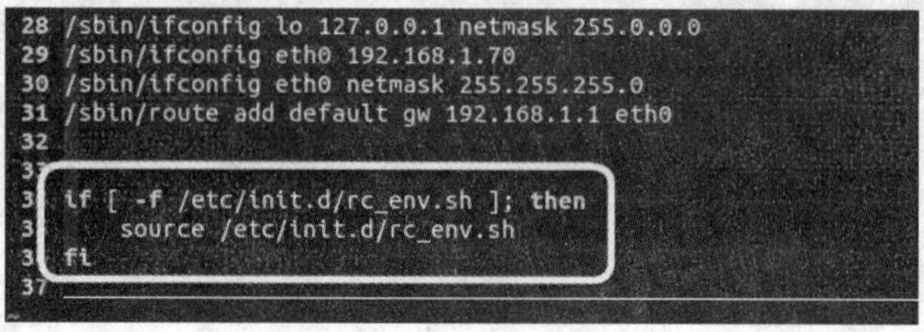

图 9-62　添加代码

7. 制作 system.img

（1）创建空的 system.img

使用如下命令创建 system.img 文件，count 参数可以适当设置大一点，创建完成后，最后在改为实际所占空间大小。结果如图 9-63 所示。

```
$ dd if=/dev/zero of=system.img bs=1M count=500
```

图 9-63　创建空的 system.img

（2）创建磁盘分区上的文件系统（如图 9-64 所示）

```
$ mke2fs -t ext4 system.img
```

图 9-64　创建磁盘分区上的文件系统

（3）创建挂载点并挂载磁盘文件（如图 9-65 所示）

```
$ mkdir system
$ sudo mount -o loop -t ext4 system.img system
```

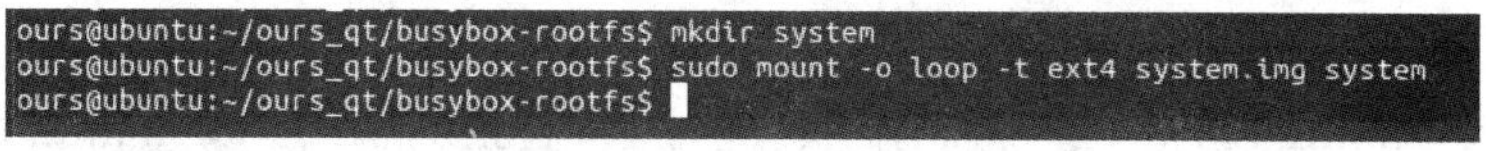

图 9-65　创建挂载点并挂载磁盘文件

（4）拷贝 rootfs 文件到 system

将 rootfs 中的文件拷贝到 system 目录下，结果如图 9-66 所示。

$ sudo cp -dR rootfs/* system/

图 9-66　拷贝 rootfs 文件到 system 目录

（5）卸载磁盘文件

磁盘文件制作完成后便可卸载磁盘文件，结果如图 9-67 所示。

$ sudo umount system

图 9-67　卸载磁盘文件

（6）检查并修复 system.img 镜像

通过如下命令检查修复镜像文件，结果如图 9-68 所示。

$ sudo e2fsck -p -f system.img

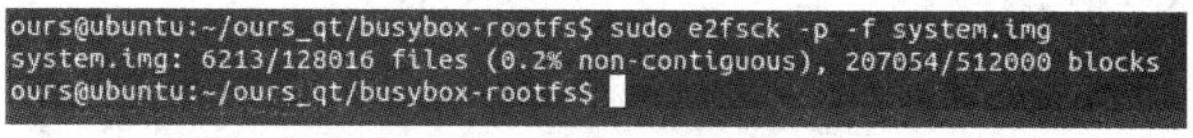

图 9-68　检查并修复 system.img 镜像

（7）减小 system.img 镜像

由于我们先前制作 system.img 磁盘镜像文件时，体积做的稍大，需要通过此步将其制作成实际大小，结果如图 9-69 所示。

$ sudo resize2fs -M system.img

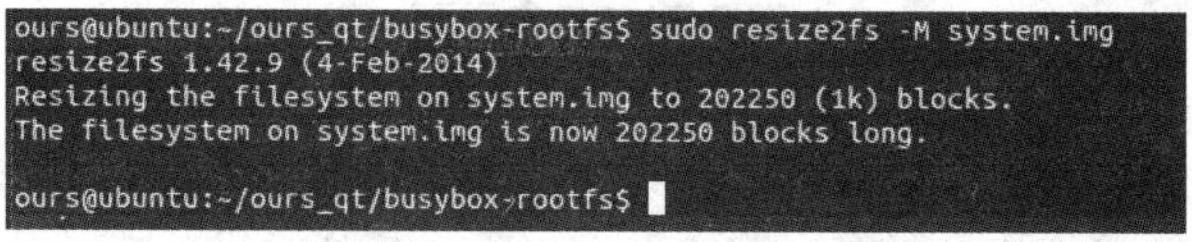

图 9-69　减小 system.img 镜像

8. 烧写验证

制作完 system.img 镜像后，重新制作 TF 烧写卡，替换其中的 system.img 镜像。

（1）运行 WinImage 对 TF 分区

将 TF 卡接入读卡器，并将读卡器连接到 windows PC 机上。选中 WinImage，右键以管理员权限运行（WIN7 以上系统必须以管理员权限运行，否则无法获取磁盘列表），如图 9-70 至图 9-72 所示。

图 9-70　以管理员权限运行

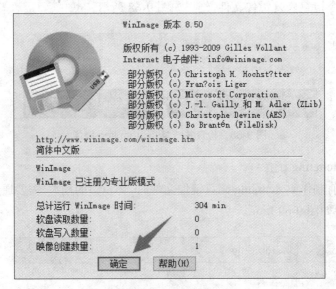

图 9-71　确定界面

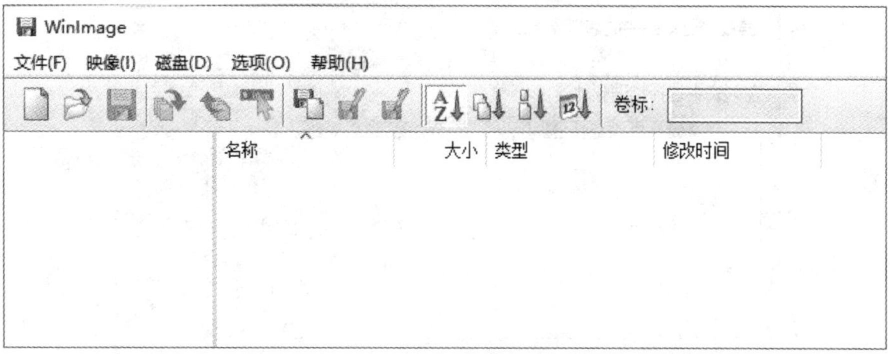

图 9-72　WinImage 界面

点击【磁盘】—>【恢复物理驱动器中的虚拟磁盘映像】，如图 9-73 所示。

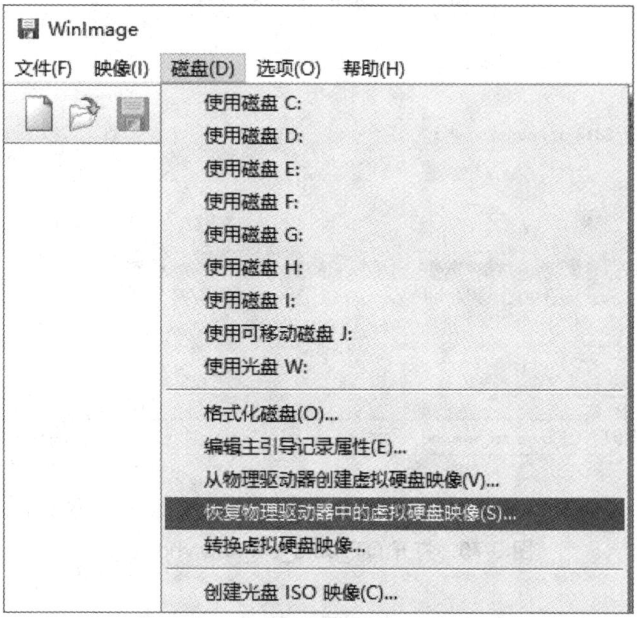

图 9-73　恢复物理驱动器中的虚拟磁盘映像

选中 TF 卡对应磁盘（注意不要选错设备），点击【确定】，浏览并选择【QT_ours_sd_new.vhd】文件（在 ours6818_qt_image\vhd 目录中），点击【打开】，之后将自动对 TF 卡分区如图 9-74 至图 9-76 所示。

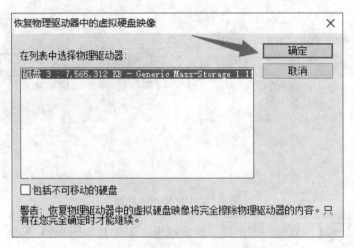

图 9-74   选中 TF 卡对应磁盘

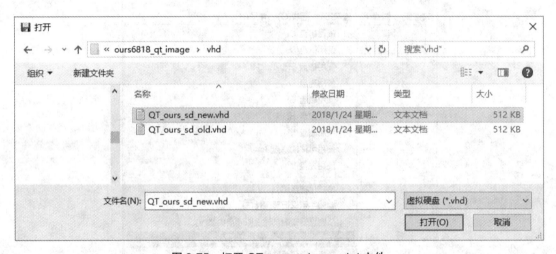

图 9-75   打开 QT_ours_sd_new.vhd 文件

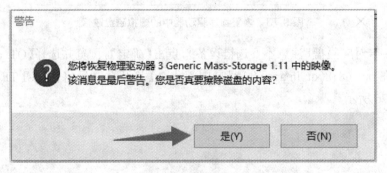

图 9-76   选择"是"

如果不出意外,将弹出如图 9-77 所示进度条,完成之后自动消失(如果出现文件无法访问或者设备被占用提醒,请重新执行以上操作,必要时可能需要重启系统完成如上操作)。完成以上工作后(WinImage 界面中不会有什么变化),关闭 WinImage。

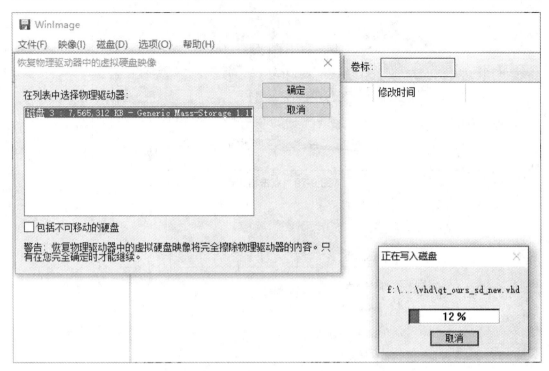

图 9-77　自动对 TF 卡分区

（2）格式化分区

成功完成上步分区工作后，在 windows 中将看到一个 6.6G 左右的磁盘分区（可能同时会出现额外其他 3 个未格式化分区，不用管它，不同的系统显示可能有别），如图 9-78 所示。

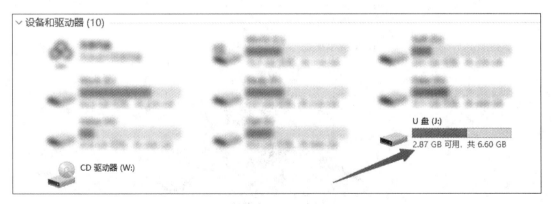

图 9-78　出现一个 6.6G 左右的磁盘分区

右键此分区，点击【格式化】，将此分区格式化（如果出错，请重新格式化），如图 9-79 至图 9-82 所示。

图 9-79　点击格式化

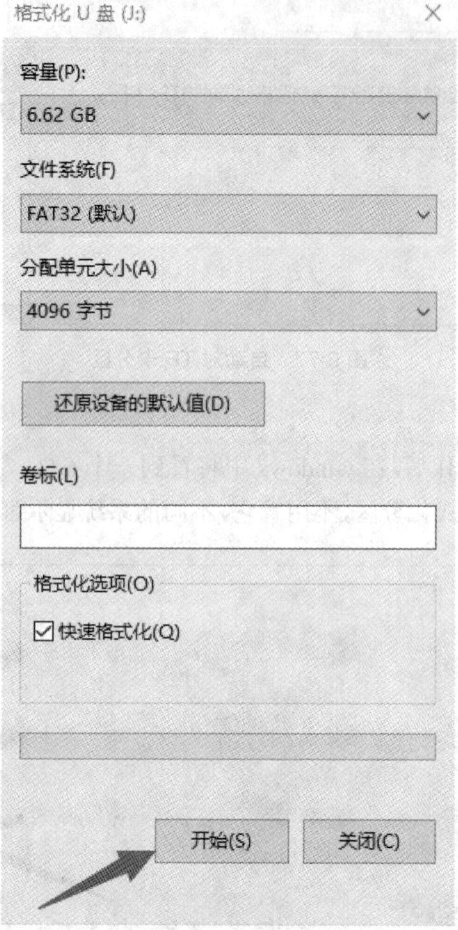

格式化 U 盘 (J:)　　　　　　　　　　×

容量(P):

6.62 GB

文件系统(F)

FAT32 (默认)

分配单元大小(A)

4096 字节

还原设备的默认值(D)

卷标(L)

格式化选项(O)

☑ 快速格式化(Q)

开始(S)　　关闭(C)

图 9-80　点击开始

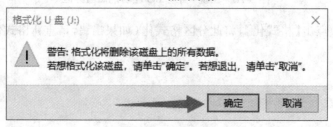

格式化 U 盘 (J:)　　　　　　　　　　×

⚠ 警告: 格式化将删除该磁盘上的所有数据。
　　若想格式化该磁盘，请单击"确定"。若想退出，请单击"取消"。

确定　　取消

图 9-81　点击确定

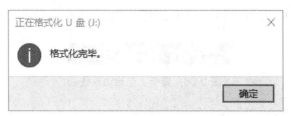

图 9-82　格式化完毕

（3）创建镜像

完成格式化工作后,进入此分区,新建一个 Images 文件夹（注意目录名必须是 Images）,如图 9-83 所示。

图 9-83　新建 Images 文件夹

将烧写的镜像文件拷贝至此目录,需要的文件有 6 个,分别是：2ndboot.bin、u-boot.bin、boot.img、system.img、lcd.txt、partmap.txt。使用新编译的生成的 system.img 文件替换 TF 卡中原有的 system.img,如图 9-84 所示。

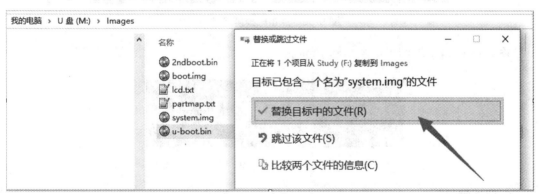

图 9-84　拷贝文件并替换 system.img

（4）烧写、启动并验证

将制作好的烧写卡,插入目标板的 TF 卡插槽；使用串口线连接目标板调试串口到 PC 机,给目标板上电,系统自动烧写,如图 9-85 所示。

图 9-85　系统自动烧写

烧写完成后拔掉 TF 卡,重新上电启动系统,结果如图 9-86 所示。

图 9-86　重新上电启动系统

输入 root 登录系统,会弹出如下警告,结果如图 9-87 所示。

图 9-87　输入 root 登录系统

按下键盘 Ctrl+c 结束进程,输入 tslib 校准程序测试,点击触摸屏测试,结果如图 9-88 所示。

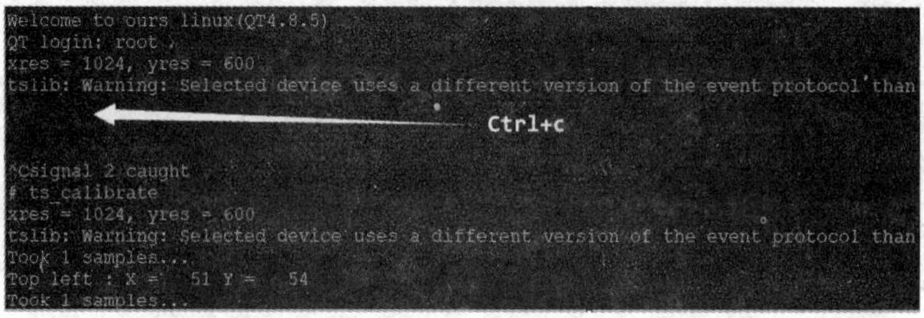

图 9-88　点击触摸屏测试

输入 ts_test 测试,结果如图 9-89 所示。

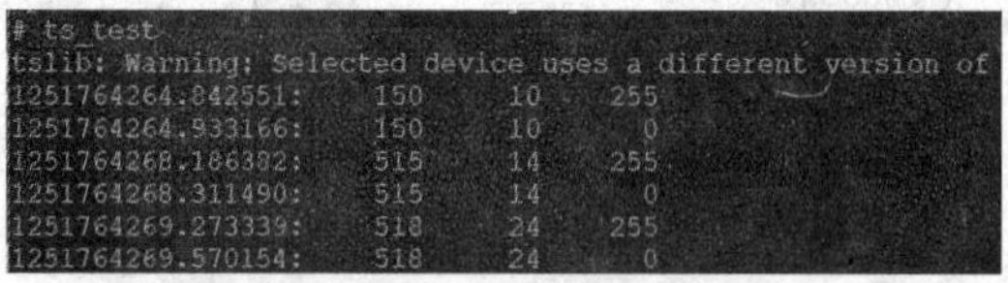

图 9-89　输入 ts_test 测试

9. 解决警告

（1）追踪警告源

在启动和测试时会打印"tslib: Warning: Selected device uses a different version of the event protocol than tslib was compiled for"警告。查看 tslib 源代码发现打印该信息的语句在 tslib 的源代码的 plugs 文件夹中 input-raw.c 的 static int check_fd（struct tslib_input *i）函数中,发现 tslib 在加载 Linux 触摸屏驱动模块时会检查内核的输入子系统的版本号。

```
if (ioctl(ts->fd, EVIOCGVERSION, &version) < 0) {
    fprintf(stderr, "tslib: Selected device is not a Linux input event device\n");
    return -1;
}
```

上面程序段将驱动的版本号存放在整型的 version 中。

```
if (version != EV_VERSION) {
    fprintf(stderr, "tslib: Selected device uses a different version of the event protocol
than tslib was compiled for\n");
    return -1;
}
```

该程序将获得的版本号 version 与本 tslib 的面向的版本号匹配,若不同则打印:
tslib: Selected device uses a different version of the event protocol than tslib was compiled for 信
息再看 arm 交叉编译工具中的头文件库中的 /usr/local/arm/arm-linux-gnueabihf-4.8/
arm-linux-gnueabihf/libc/usr/include/linux/input.h 中 的 EV_VERSION 定 义 为 "#define
EV_VERSION 0x010001",如图 9-90 所示。

图 9-90　交叉编译工具中头文件定义

而 Linux 内核 include/linux/input.h 中的 EV_VERSION 定义为"#define EV_VERSION
0x010000",由此可见问题就出现在内核的输入子系统的版本号不匹配的问题,如图 9-91
所示。

图 9-91　Linux 内核头文件定义

(2)修改头文件

解决方法便是将两者修改为相同定义,由于修改内核头文件需要重新编译内核,比较麻
烦,我们修改交叉编译工具中的头文件定义。编辑修改 /usr/local/arm/arm-linux-gnueabi-
hf-4.8/arm-linux-gnueabihf/libc/usr/include/linux/input.h 中的 EV_VERSION 定义为 "#define
EV_VERSION 0x010000",如图 9-92 所示。

图 9-92　交叉编译工具头文件修改后

（3）重新编译 tslib（如图 9-93 所示）

进入 tslib 目录，首先清除先前编译的中间文件。

```
$ cd /home/ours/ours_qt/tslib-master
$ rm -rf arm-linux-gnueabihf.cache
$ ./autogen-clean.sh
```

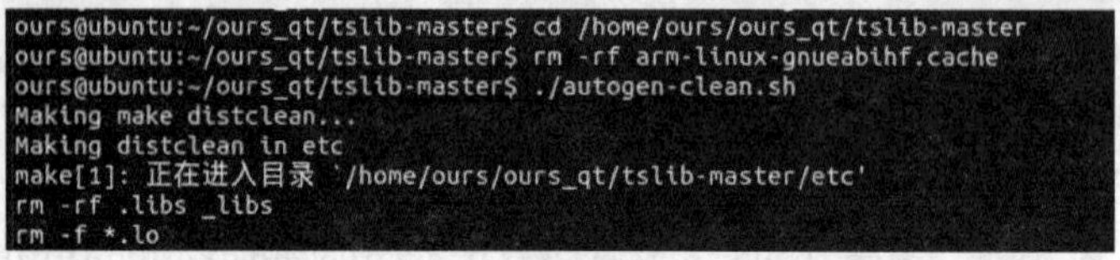

图 9-93　重新编译 tslib

生成配置文件，结果如图 9-94 所示。

```
$ ./autogen.sh
```

图 9-94　生成配置文件

执行完 autogen 后将会生成 configure 文件，编辑此文件，去掉其中的 -V -qversion，因为编译器并没有此选项，结果如图 9-95 所示。

```
$ vim configure
```

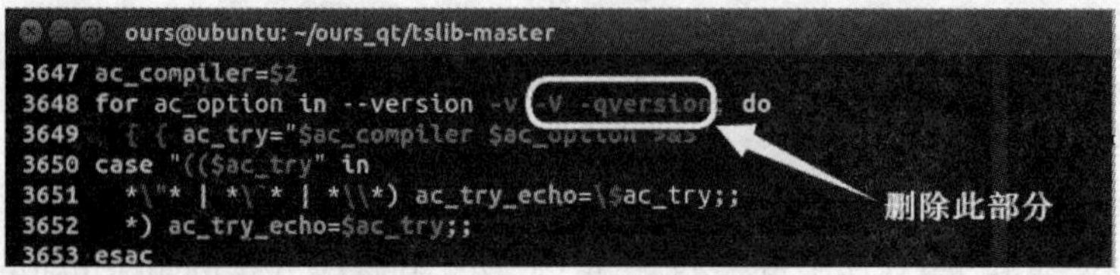

图 9-95　编辑 configure 文件

修改完 configure 文件后，在 tslib 目录下执行配置，输入如下指令配置 tslib，结果如图 9-96 所示。

```
$ ./configure        --host=arm-linux-gnueabihf        ac_cv_func_malloc_0_nonnull=yes
--cache-file=arm-linux-gnueabihf.cache    --prefix=/usr/local/tslib    CC=/usr/local/arm/arm-li-
nux-gnueabihf-4.8/bin/arm-linux-gnueabihf-gcc
```

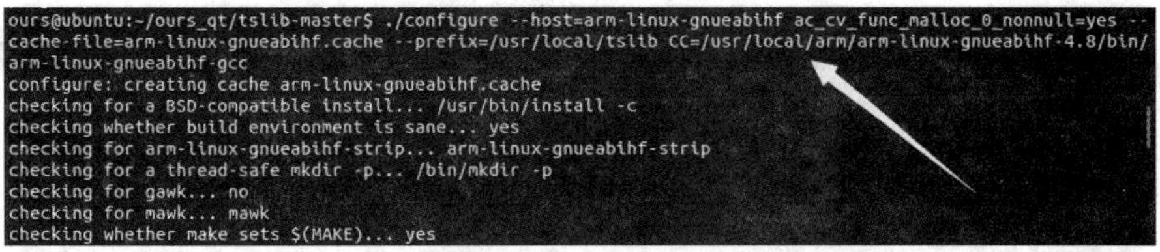

图 9-96　配置 tslib

完成配置后,编译 tslib,输入编译指令。结果如图 9-97 所示。

```
$ make
```

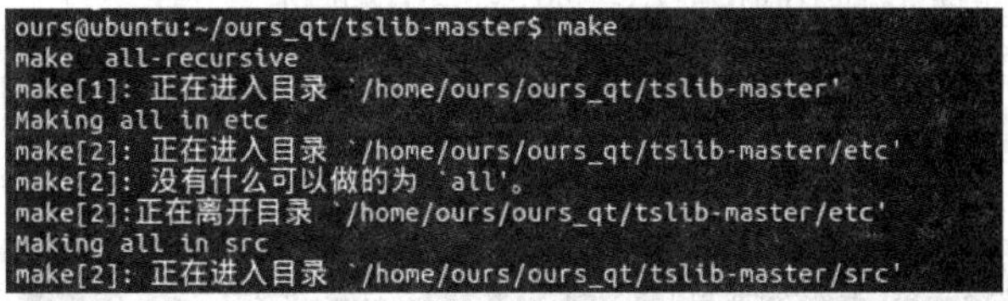

图 9-97　编译 tslib

成功编译后,使用 make install 安装。结果如图 9-98 所示。

```
$ sudo make install
```

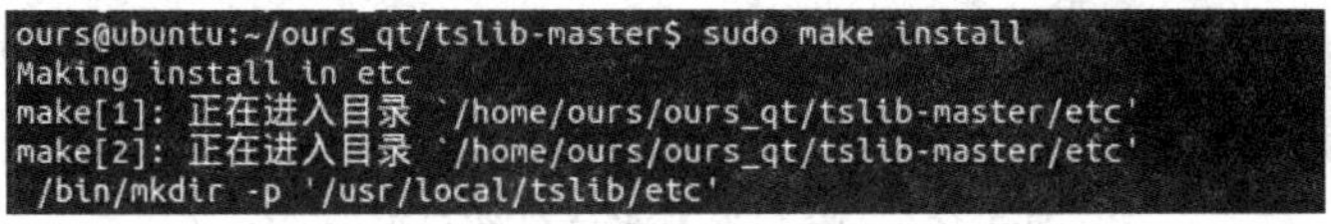

图 9-98　make install

(4)将 tslib 文件拷贝到 rootfs 中

①将 TSlib 编译的 lib 文件拷贝到 rootfs 中。结果如图 9-99 所示。

```
$ cd /usr/local/tslib
$ sudo cp -ar lib/* /home/ours/ours_qt/busybox-rootfs/rootfs/usr/lib/
```

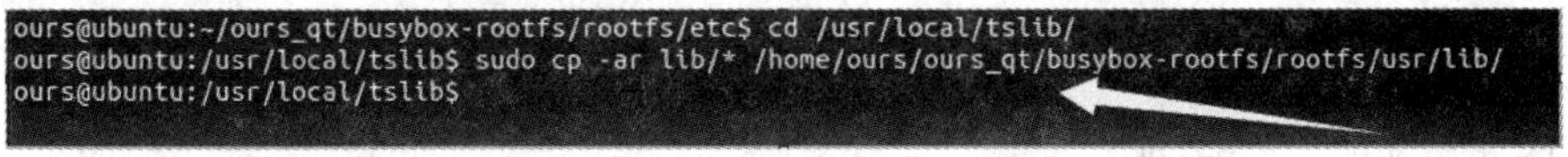

图 9-99　将 lib 文件拷贝到 rootfs

②将 TSlib 编译的 bin 文件拷贝到 rootfs。结果如图 9-100 所示。

```
$ sudo cp -ar bin/* /home/ours/ours_qt/busybox-rootfs/rootfs/usr/bin/
```

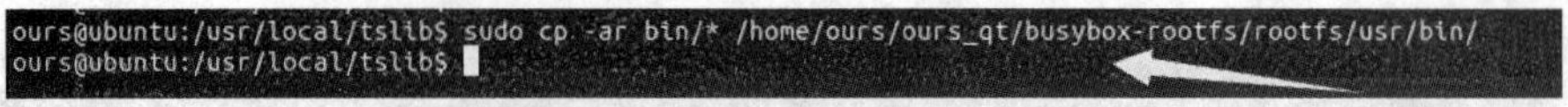

```
ours@ubuntu:/usr/local/tslib$ sudo cp -ar bin/* /home/ours/ours_qt/busybox-rootfs/rootfs/usr/bin/
ours@ubuntu:/usr/local/tslib$
```

图 9-100　将 bin 文件拷贝到 rootfs

③将 tslib 编译的 etc 下的配置文件拷贝到 rootfs。结果如图 9-101 所示。

```
$ sudo cp -ar etc/* /home/ours/ours_qt/busybox-rootfs/rootfs/etc/
```

```
ours@ubuntu:/usr/local/tslib$ sudo cp -ar etc/* /home/ours/ours_qt/busybox-rootfs/rootfs/etc/
ours@ubuntu:/usr/local/tslib$
```

图 9-101　将 etc 下的配置文件拷贝到 rootfs

④将 tslib 头文件拷贝到 rootfs。结果如图 9-102 所示。

```
$ sudo cp -ar include/* /home/ours/ours_qt/busybox-rootfs/rootfs/usr/include/
```

```
ours@ubuntu:/usr/local/tslib$ sudo cp -ar include/* /home/ours/ours_qt/busybox-rootfs/rootfs/usr/include
ours@ubuntu:/usr/local/tslib$
```

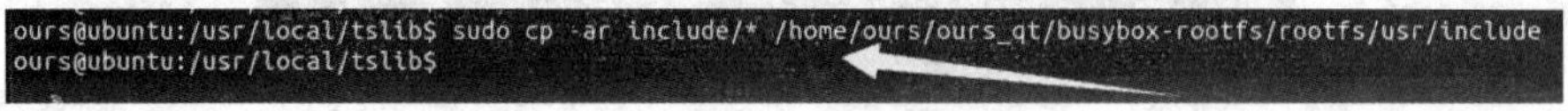

图 9-102　将 tslib 头文件拷贝到 rootfs

⑤将 tslib 帮助文档拷贝到 rootfs。结果如图 9-103 所示。

```
$ sudo cp -ar share/man/* /home/ours/ours_qt/busybox-rootfs/rootfs/usr/share/man/
```

```
ours@ubuntu:/usr/local/tslib$ sudo cp -ar share/man/* /home/ours/ours_qt/busybox-rootfs/rootfs/usr/share/man/
ours@ubuntu:/usr/local/tslib$
```

图 9-103　将 tslib 帮助文档拷贝到 rootfs

⑥将 TSLIB 整个目录拷贝到 rootfs。结果如图 9-104 所示。

```
$ sudo cp -ar * /home/ours/ours_qt/busybox-rootfs/rootfs/opt/ours/tslib/
```

```
ours@ubuntu:/usr/local/tslib$ sudo cp -ar * /home/ours/ours_qt/busybox-rootfs/rootfs/opt/ours/tslib/
ours@ubuntu:/usr/local/tslib$ cd /home/ours/ours_qt/busybox-rootfs/rootfs/opt/ours/tslib/
ours@ubuntu:~/ours_qt/busybox-rootfs/rootfs/opt/ours/tslib$ ls
bin  etc  include  lib  share
ours@ubuntu:~/ours_qt/busybox-rootfs/rootfs/opt/ours/tslib$
```

图 9-104　将 TSLIB 整个目录拷贝到 rootfs

⑦检查修改 ts.conf 文件

由于我们将 ts.conf 文件拷贝到了两处，分别在 rootfs/etc/ts.conf 和 rootfs/opt/ours/tslib/etc/ts.conf，所以两处都要检查。结果如图 9-105 所示。

```
$ cd /home/ours/ours_qt/busybox-rootfs/rootfs/etc/
$ sudo vim ts.conf
```

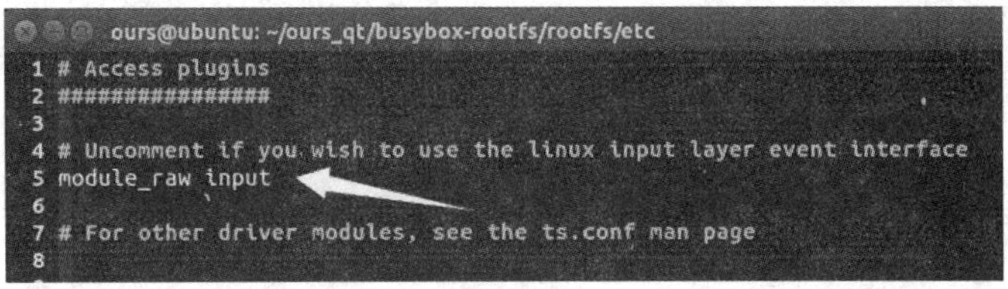

图 9-105　检查修改 ts.conf 文件

（5）制作 system.img

首先创建空的磁盘文件，使用如下命令创建 system.img 文件，count 参数可以适当设置大一点，创建完成后，最后再改为实际所占空间大小。结果如图 9-106 所示。

```
$ dd if=/dev/zero of=system.img bs=1M count=500
```

图 9-106　创建 system.img 文件

创建磁盘分区上的文件系统。结果如图 9-107 所示。

```
$ mke2fs -t ext4 system.img
```

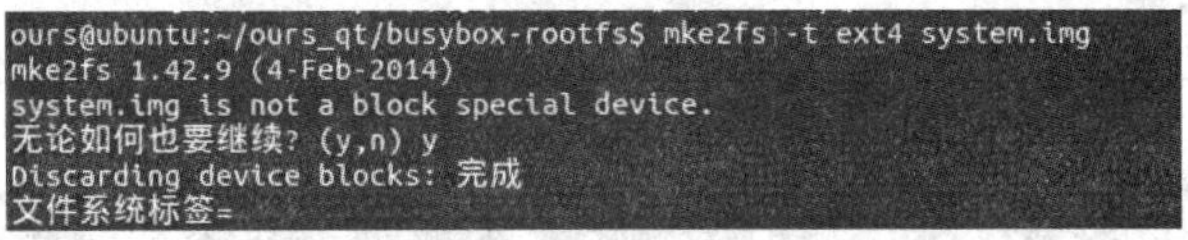

图 9-107　创建磁盘分区上的文件系统

创建挂载点并挂载磁盘文件。结果如图 9-108 所示。

```
$ mkdir system
$ sudo mount -o loop -t ext4 system.img system
```

图 9-108　创建挂载点并挂载磁盘文件

拷贝 rootfs 文件到 system，将 rootfs 中的文件拷贝到 system 目录下。结果如图 9-109 所示。

```
$ sudo cp -dR rootfs/* system/
```

```
ours@ubuntu:~/ours_qt/busybox-rootfs$ sudo cp -dR rootfs/* system/
ours@ubuntu:~/ours_qt/busybox-rootfs$
```

图 9-109　拷贝 rootfs 文件到 system

卸载磁盘文件,磁盘文件制作完成后便可卸载磁盘文件。结果如图 9-110 所示。

```
$ sudo umount system
```

```
ours@ubuntu:~/ours_qt/busybox-rootfs$ sudo umount system
ours@ubuntu:~/ours_qt/busybox-rootfs$
```

图 9-110　卸载磁盘文件

检查并修复 system.img 镜像,通过如下命令检查修复镜像文件。结果如图 9-111 所示。

```
$ sudo e2fsck -p -f system.img
```

```
ours@ubuntu:~/ours_qt/busybox-rootfs$ sudo e2fsck -p -f system.img
system.img: 6213/128016 files (0.2% non-contiguous), 207054/512000 blocks
ours@ubuntu:~/ours_qt/busybox-rootfs$
```

图 9-111　检查并修复 system.img 镜像

减小 system.img 镜像,由于我们先前制作 system.img 磁盘镜像文件时,体积做的稍大,需要通过此步将其制作成实际大小。结果如图 9-112 所示。

```
$ sudo resize2fs -M system.img
```

```
ours@ubuntu:~/ours_qt/busybox-rootfs$ sudo resize2fs -M system.img
resize2fs 1.42.9 (4-Feb-2014)
Resizing the filesystem on system.img to 202250 (1k) blocks.
The filesystem on system.img is now 202250 blocks long.

ours@ubuntu:~/ours_qt/busybox-rootfs$
```

图 9-112　减小 system.img 镜像

重新制作完 system.img 之后,按照之前方法重新做卡,烧写系统并启动。启动完成后测试 tslib,此时便不再有警告信息。结果如图 9-113 所示。

```
# ts_calibrate
```

图 9-113　测试 tslib

9.1.6　注意事项

①在 TSLIB 的配置以及编译过程中可能会出现不同的错误,大多数是未安装相应软件,请依照错误信息解决。

②在将 TSLIB 拷贝到 rootfs 构建文件系统环节中,增加 etc/profile 内容需要根据实际情况,如 TSLIB_TSDEVICE 极有可能不同。

9.2　其他实验

还有一些未在本章进行具体讲解的实验,如 Linux 系统 Qt 库编译及移植实验、Linux 系统 Qt 开发环境搭建实验、Linux 系统 Qt 设备器件程序控制实验等。具体实验步骤参见《嵌入式 Linux Qt 编程手册 V0.9》(http://ics.nankai.edu.cn/embedded/Linux Qt v0.9.pdf)。

第 10 章　嵌入式 Android 开发

10.1　继电器控制实验

10.1.1　实验目的

掌握控件 Button 与 ToggleButton 的使用，了解 ImageView 的简单实用，了解 A53 继电器的 I/O 控制。

10.1.2　实验步骤

1. 了解 Button、ToggleButton

Button 与 ToggleButton 使用基本是相同的，是程序用于和用户进行交互的重要控件，下面简单地介绍一下 Button 点击事件的写法。

例 1：

```
public class MainActivity extends Activity {
    private Button button;
    @Override
    protected void onCreate(Bundle savedInstanceState) {
        super.onCreate(savedInstanceState);
        setContentView(R.layout.activity_main);
        button = (Button) findViewById(R.id.button);
        button.setOnClickListener(new OnClickListener() {
            @Override
            public void onClick(View v) {
                // 在此处添加逻辑
            }
        });
    }
}
```

这样每当点击按钮时，就会执行监听器中的 onClick() 方法，我们只需要在这个方法中加入待处理的逻辑就行了。

例 2：

```
public class MainActivity extends Activity implements OnClickListener {
    private Button button;
    @Override
    protected void onCreate(Bundle savedInstanceState) {
        super.onCreate(savedInstanceState);
        setContentView(R.layout.activity_main);
        button = (Button) findViewById(R.id.button);
        button.setOnClickListener(this);
    }
    @Override
    public void onClick(View v) {
        switch (v.getId()) {
        case R.id.button:

            // 在此处添加逻辑
            break;
        default:
            break;
        }
    }
}
```

　　上面的写法继承了 OnClickListener 之后通过提示生成 onClick（View v）方法，通过判断来实现相应按钮的点击事件，这两种写法都可以实现对按钮点击事件的监听，至于使用哪一种就全凭用户喜好了。

2. 了解 ImageView

　　ImageView 是用于在界面上展示图片的一个控件，通过它可以让我们的程序界面变得更加丰富多彩。可以使用 android:src 属性给 ImageView 指定了一张图片。

3. 编写视图层

```
<RelativeLayout xmlns:android="http://schemas.android.com/apk/res/android"
    xmlns:tools="http://schemas.android.com/tools"
    android:layout_width="wrap_content"
    android:layout_height="match_parent" >
    <RelativeLayout
```

```
    android:id="@+id/relativeLayout2"
    android:layout_width="200dp"
    android:layout_height="260dp"
    android:layout_alignParentTop="true"
    android:layout_marginLeft="150dp">
    <ImageView
        android:id="@+id/imgv1"
        android:layout_width="160dp"
        android:layout_height="160dp"
        android:layout_centerInParent="true"
        android:src="@drawable/open"
        />
<ToggleButton
        android:id="@+id/togglebtn1"
        android:layout_width="70dp"
        android:layout_height="30dp"
        android:layout_alignParentBottom="true"
        android:layout_centerHorizontal="true"
        android:background="@drawable/toggle_btn_bg_selector"
        android:textOff="on"
        android:textOn="off " />
    <TextView
        android:layout_width="match_parent"
        android:layout_height="wrap_content"
        android:layout_above="@+id/imgv1"
        android:layout_marginBottom="10dp"
        android:layout_alignParentLeft="true"
        android:gravity="center"
        android:text=" 继电器 1"
        android:textSize="22sp" />
</RelativeLayout>
<RelativeLayout
    android:id="@+id/relativeLayout1"
    android:layout_width="200dp"
    android:layout_height="260dp"
```

```
            android:layout_alignParentRight="true"
            android:layout_alignTop="@+id/relativeLayout2"
            android:layout_marginRight="150dp" >
            <ImageView
                android:id="@+id/imgv2"
                android:layout_width="160dp"
                android:layout_height="160dp"
                android:layout_centerInParent="true"
                android:src="@drawable/open"
                />
            <ToggleButton
                android:id="@+id/togglebtn2"
                android:layout_width="70dp"
                android:layout_height="30dp"
                 android:layout_alignParentBottom="true"
                android:layout_centerHorizontal="true"
                android:background="@drawable/toggle_btn_bg_selector "
                android:textOff="on"
                android:textOn="off " />
            <TextView
                android:layout_width="match_parent"
                android:layout_height="wrap_content"
                android:layout_above="@+id/imgv2"
                android:layout_alignParentLeft="true"
                android:gravity="center"
                android:text=" 继电器 2"
                android:layout_marginBottom="10dp"
                android:textSize="22sp" />
        </RelativeLayout>
        <LinearLayout
            android:layout_width="match_parent"
            android:layout_height="wrap_content"
            android:layout_alignParentBottom="true"
            android:layout_alignParentLeft="true"
            android:orientation="vertical"
```

```
            android:padding="10dp" >
        <Button
            android:id="@+id/button1"
            android:layout_width="match_parent"
            android:layout_height="wrap_content"
            android:layout_alignParentBottom="true"
            android:layout_alignRight="@+id/relativeLayout2"
            android:layout_marginBottom="10dp"
            android:background="@drawable/toggle_btn"
            android:text=" 全开 "
            android:textColor="#fff " />

        <Button
            android:id="@+id/button2"
            android:layout_width="match_parent"
            android:layout_height="wrap_content"
            android:layout_alignParentBottom="true"
            android:layout_alignRight="@+id/relativeLayout2"
            android:layout_marginBottom="10dp"
            android:background="@drawable/toggle_btn"
            android:text=" 全关 "
            android:textColor="#fff " />
    </LinearLayout>
</RelativeLayout>
```

斜体我们更改了按钮样式,默认的按钮样式不好看,我们可以新建一个 drawable 文件夹,把定义好的样式放在这个文件夹中, toggle_btn_bg_selector.xml 定义了 ToggleButton 的样式,代码如下:

```
<?xml version="1.0" encoding="utf-8"?>
<selector xmlns:android="http://schemas.android.com/apk/res/android">
    <item android:drawable="@drawable/swtch_btn_on" android:state_checked="true"/>
    <item android:drawable="@drawable/switch_btn_off " android:state_checked="-false"/>
</selector>
```

同样 button 也更改了样式：

```
<?xml version="1.0" encoding="utf-8"?>
<selector xmlns:android="http://schemas.android.com/apk/res/android">
    <item android:drawable="@drawable/btn_bg_red" android:state_pressed="true"/>
    <item android:drawable="@drawable/btn_bg_green" android:state_pressed="false"/>
</selector>
```

页面的视图层写完之后，运行程序，看一下展示效果，如图 10-1 所示。

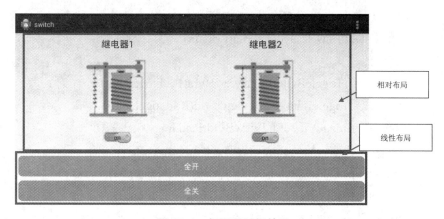

图 10-1　视图层运行效果

这里用到了线性布局、相对布局。

1. 编写逻辑层

在包 com.hanheng.a53.relay 下 RelayClass.java 是调用 jni 的接口，代码如下：

```
public class RelayClass {
    static {
        System.loadLibrary("relay-jni");
    }

    public static native String stringFromJNI();
//  初始化
    public static native int Init();
//  Io 控制
    public static native int IoctlRelay(int relay_num, int controlcode);
//  退出
    public static native int Exit();
}
在 com.hanheng.switchcontrol 包下 MainActivity.java 实现了 jni 的调用，视图层的控制
```

```java
public class MainActivity extends Activity implements OnClickListener{
    private int[] array={R.drawable.open,R.drawable.close};
    private ImageView image1;
    private ImageView image2;
    private ToggleButton toggle1;
    private ToggleButton toggle2;
    @Override
    protected void onCreate(Bundle savedInstanceState) {
        super.onCreate(savedInstanceState);
        setContentView(R.layout.activity_main);
//        初始化
        toggle1 = (ToggleButton)findViewById(R.id.togglebtn1);
        toggle2=(ToggleButton)findViewById(R.id.togglebtn2);
        image1=(ImageView)findViewById(R.id.imgv1);
        image2=(ImageView)findViewById(R.id.imgv2);
        Button open_all=(Button)findViewById(R.id.button1);
        Button off_all=(Button)findViewById(R.id.button2);
        RelayClass.Init();
//        调用点击事件
        toggle1.setOnClickListener(this);
        toggle2.setOnClickListener(this);
        open_all.setOnClickListener(this);
        off_all.setOnClickListener(this);
    }
    @Override
    public boolean onCreateOptionsMenu(Menu menu) {
        // Inflate the menu; this adds items to the action bar if it is present.
        getMenuInflater().inflate(R.menu.main, menu);
        return true;
    }
// 继电器控制
    public void switchToggle(int num,ImageView img,ToggleButton btn){
        if(btn.isChecked()){
            img.setImageResource(array[1]);
            RelayClass.IoctlRelay(num, 0);
        }else{
```

```java
            img.setImageResource(array[0]);
            RelayClass.IoctlRelay(num, 1);
        }
    }
//    全开
    public void allCotrol(int num,int imgId,boolean state){
        image1.setImageResource(imgId);
        image2.setImageResource(imgId);
        toggle1.setChecked(state);
        toggle2.setChecked(state);
        RelayClass.IoctlRelay(0, num);
        RelayClass.IoctlRelay(1, num);
    }
    @Override
//    点击事件
    public void onClick(View arg0) {
        // TODO Auto-generated method stub
        int key=arg0.getId();
        switch(key){
        case R.id.togglebtn1:
            switchToggle(0,image1,toggle1);
            break;
        case R.id.togglebtn2:
            switchToggle(1,image2,toggle2);
            break;
        case R.id.button1:
            allCotrol(0,array[1],true);
            break;
        case R.id.button2:
            allCotrol(1,array[0],false);
            break;
        }
    }
//    dialog 退出
    public boolean onKeyDown(int keyCode, KeyEvent event){
        if (keyCode == KeyEvent.KEYCODE_BACK ){
```

```
                AlertDialog isExit = new AlertDialog.Builder(this).create();
                isExit.setTitle(" 系统提示 ");
                isExit.setMessage(" 确定要退出吗 ");
                isExit.setButton(" 确定 ", listener);
                isExit.setButton2(" 取消 ", listener);
                isExit.show();
            }
        return false;
    }
    DialogInterface.OnClickListener listener = new DialogInterface.OnClickListener(){
        public void onClick(DialogInterface dialog, int which){
            switch (which){
            case AlertDialog.BUTTON_POSITIVE://" 确认 " 按钮退出程序
                RelayClass.Exit();
                finish();
                break;
            case AlertDialog.BUTTON_NEGATIVE://" 取消 " 第二个按钮取消对话框
                break;
            default:
                break;
            }
        }
    };
}
```

这里演示了点击事件和 ToggleButton 的状态改变，ImageView 通过 setImageResource 动态改变状态。

10.2　字模表

10.2.1　实验目的

掌握控件 GridView、EditText 控件的使用及对 A53 字模显示控制。

10.2.2　实验步骤

1. 了解 GridView

① android:numColumns="auto_fit"　　　　//GridView 的列数设置为自动也可以填写数值

② android:columnWidth="90dp "　　// 每列的宽度,也就是 Item 的宽度

③ android:stretchMode="columnWidth"　　// 缩放与列宽大小同步

④ android:verticalSpacing="10dp"　　// 两行之间的边距

⑤ android:horizontalSpacing="10dp"　　// 两列之间的边距

⑥ android:cacheColorHint="#00000000"　　// 去除拖动时默认的黑色背景

⑦ android:listSelector="#00000000"　　// 去除选中时的黄色底色

⑧ android:scrollbars="none"　　// 隐藏 GridView 的滚动条

⑨ android:fadeScrollbars="true"　　// 设置为 true 就可以实现滚动条的自动隐藏和显示

⑩ android:fastScrollEnabled="true"　　//GridView 出现快速滚动的按钮(至少滚动 4 页才会显示)

⑪ android:fadingEdge="none"　　//GridView 衰落(褪去)边缘颜色为空,缺省值是 vertical(可以理解为上下边缘的提示色)

⑫ android:fadingEdgeLength="10dip"　　// 定义的衰落(褪去)边缘的长度

⑬ android:stackFromBottom="true"　　// 设置为 true 时,你做好的列表就会显示在你列表的最下面

⑭ android:transcriptMode="alwaysScroll"　　// 当你动态添加数据时,列表将自动往下滚动最新的条目可以自动滚动到可视范围内

⑮ android:drawSelectorOnTop="false"　　// 点击某条记录不放,颜色会在记录的后面成为背景色,内容的文字可见(缺省为 false)

2. 了解 EditText

EditText 是程序用于和用户进行交互的另一个重要控件,它允许用户在控件里输入和编辑内容,并可以在程序中对这些内容进行处理。EditText 的应用场景应该算是非常普遍了,发短信、发微博、聊 QQ 等,在进行这些操作时,不得不使用到 EditText。

3. 编写视图层

```
<LinearLayout xmlns:android="http://schemas.android.com/apk/res/android"
    xmlns:tools="http://schemas.android.com/tools"
    android:layout_width="match_parent"
    android:layout_height="match_parent"
    android:orientation="vertical" >
    <LinearLayout
        android:id="@+id/linearLayout1"
        android:layout_width="fill_parent"
        android:layout_height="0dp"
        android:layout_weight="6"
        android:orientation="vertical" >
```

```xml
<RelativeLayout
    android:layout_width="match_parent"
    android:layout_height="wrap_content"
    android:layout_marginTop="30dp">
    <GridView
        android:id="@+id/gview1"
        android:layout_width="300dp"
        android:layout_height="300dp"
        android:layout_centerHorizontal="true"
        android:columnWidth="30dp"
        android:numColumns="16"
        android:stretchMode="columnWidth"
        android:verticalSpacing="5dp" >
    </GridView>
</RelativeLayout>
</LinearLayout>

<LinearLayout
    android:layout_width="match_parent"
    android:layout_height="wrap_content"
    android:layout_weight="1"
    android:gravity="center"
    android:orientation="vertical" >

<EditText
        android:id="@+id/editText1"
        android:layout_width="416dp"
        android:layout_height="wrap_content"
        android:layout_centerHorizontal="true"
        android:ems="10" >

        <requestFocus />
    </EditText>

    <Button
```

```
            android:id="@+id/button1"
            android:layout_width="398dp"
            android:layout_height="wrap_content"
            android:layout_below="@+id/linearLayout1"
            android:layout_centerHorizontal="true"
            android:layout_marginTop="21dp"
            android:background="@drawable/toggle_btn"
            android:text="send" />
    </LinearLayout>
</LinearLayout>
```

布局使用线性与相对布局,最外面是线性布局,属性 android:orientation="vertical" 使子类沿着竖直方向排列,之后嵌套一个 LinearLayout,宽度占满整行,高度设置了权重比 android:layout_weight="6",内部在套用相对定位将 GriView 放到布局的合适的位置,最后的 LinearLayout 嵌套 EditText、Button 竖直排列,编写 GridView 适配项 item.xml

```
<?xml version="1.0" encoding="utf-8"?>
<LinearLayout xmlns:android="http://schemas.android.com/apk/res/android"
    android:layout_width="match_parent"
    android:layout_height="match_parent"
    android:gravity="center"
    android:orientation="vertical" >
  <ImageView
    android:src="@drawable/one"
    android:id="@+id/image"
    android:layout_width="10dp"
    android:layout_height="10dp"
    />
</LinearLayout>
```

通过设置页面上两种不同的颜色图片来产生文字矩阵。运行效果,如图 10-2 所示。

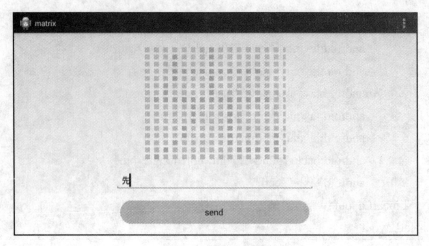

图 10-2　文字矩阵

4. 编写逻辑层

在 com.hanheng.a53.dotarray 包下 DotArrayClass 是 JNI 调用接口，代码如下：

```java
public class DotArrayClass {
    static {
        System.loadLibrary("dotArray-jni");
    }

    public static native String stringFromJNI();
    public static native int Init();
    public static native void DotShow(byte[] arr);
    public static native void Test();
    public static native int Exit();
}
```

FontClass 对 DotArrayClass 又进行了封装，最终实现字模显示直接调用 FontClass 中的方法，代码如下：

```java
public class FontClass implements Runnable{
    private byte[][] fontCodes;
    private String content;
    private int showTime;

    private static FontClass instance = new FontClass();
```

```java
public static FontClass getInstance() {
    if(instance==null) {
        instance = new FontClass();
    }
    int err = DotArrayClass.Init();
    System.out.println(" 连接状态："+err);
    return instance;
}

private FontClass() {
    this.setShowTime(3);
}

public void startService() {
    new Thread(this).start();
}

public void startTest(final AssetManager am) {
    new Thread(new Runnable() {
        @Override
        public void run() {
            DotArrayClass.Test();
            setContent(" 计算专业 ", am);
        }
    }).start();
}

public void stopService() {
    DotArrayClass.Exit();
}

@Override
public void run() {
    for(int i=0;i<this.fontCodes.length;i++) {
        final int no = i;
        new Thread(new Runnable() {
```

```
                    public void run() {
DotArrayClass.DotShow(rearrange(printCode(fontCodes[no],true,false)));
                    }
            }).start();
            try {
                    Thread.sleep(this.showTime*1000);
            } catch (InterruptedException e) {
                    e.printStackTrace();
            }
        }
    }


    /**
     * 获取汉字字模编码,编码方式:阴码,逐行,顺向
     * @param str 待取模汉字,仅限于汉字
     * @return 字模编码,二维字节数组,每一行对应一个汉字的编码,输入非汉字字
符串返回 null
     */
    public byte[][] Str2ByteArr(String str,AssetManager am){
        if(!Pattern.matches("^[\\u4e00-\\u9fa5]+$", str)) {
            str = " 非法字符 ";
        }


    try {
                InputStream is = am.open("hzk16s");
                byte[] buffer = new byte[is.available()];
                int b = 0,k=0;
                while((b=is.read())!=-1) {
                    buffer[k] = (byte) b;
                    k++;
                }
                is.close();
                byte[] str2byte = str.getBytes("GB2312");
                int len = str2byte.length/2;
                byte[][] result =  new byte[len][32];
                for(int i=0;i<len;i++) {
```

```
                    int offset = (94*((str2byte[i*2]&0xFF)-161)+(str2byte[i*2+1]&0xFF)
-161)*32;
                    result[i] = Arrays.copyOfRange(buffer, offset,offset+32);
            }
            return result;
        }catch(IOException e) {
            return null;
        }
    }


    /**
     * 阴码,逐行,顺向编码打印到控制台
     * @param code 阴码,逐行,顺向编码
     * @param p 是否在控制台打印
     * @param yy false:阴码,true:阳码
     * @return 阴码 / 阳码 逐行,顺向数组,元素为 0/1
     */
    public int[][] printCode(byte[] code,boolean p,boolean yy) {
        int[][] arr = new int[16][16];
        byte[] buffer = Arrays.copyOf(code, 32);
        for(int k=0; k<16; k++){
            for(int j=0; j<2; j++){
            int v = buffer[k*2+j]&0xFF;
                for(int i=0; i<8; i++){
                if(p)
                    System.out.print((v>>(7-i))%2==1?" ● ":" ○ ");
                if(yy) {
                    arr[k][j*8+i] = (v>>(7-i))%2==1?0:1;
                }else {
                    arr[k][j*8+i] = (v>>(7-i))%2==1?1:0;
                }
                }
            }
            if(p)
            System.out.println();
        }
```

```
            if(p)
            System.out.println();
            return arr;
    }


    /**
     * 重新排列字模编码:阴码,逐行,顺向 --> 阴码,逐列,逆向
     * @param code 阴码,逐行,顺向编码
     * @return 阴码,逐列,逆向编码
     */
    public byte[] rearrange(int[][] arr) {
        byte[] code = new byte[32];
        for(int i=0;i<16;i++) {
            int a=0,b=0;
            for(int j=0;j<8;j++) {
                a+=arr[j][i]<<j;
                b+=arr[j+8][i]<<j;
            }
            code[i*2] = (byte) a;
            code[i*2+1] = (byte)b;
        }
        return code;
    }


    /**
     * 重新排列字模编码:阴码,逐行,顺向 --> 阴码,逐列,顺向
     * @param code 阴码,逐行,顺向编码
     * @return 阴码,逐列,顺向编码
     */
    public byte[] rearrange1(int[][] arr) {
        byte[] code = new byte[32];
        for(int i=0;i<16;i++) {
            int a=0,b=0;
            for(int j=0;j<8;j++) {
                a+=arr[j][i]<<(7-j);
                b+=arr[j+8][i]<<(7-j);
```

```
            }
            code[i*2] = (byte) a;
            code[i*2+1] = (byte)b;
        }
        return code;
    }


    public String getHexString(byte[] bt){
        String HEX = "01234567890ABCDEF";
        StringBuffer sb = new StringBuffer();
        for(int i=0,len=bt.length;i<len;i++){
            int num = 0;
            num = (bt[i] & 0xFF);
            sb.append(HEX.charAt(num>>4));
            sb.append(HEX.charAt(num%16));
            sb.append(" ");
        }
        return sb.toString();
    }


    public byte[][] getFontCodes() {
        return fontCodes;
    }


    public String getContent() {
        return content;
    }
    public byte[][] setContent(String content,AssetManager am) {
        this.content = content;
        this.fontCodes = Str2ByteArr(content,am);
        this.startService();
        return this.fontCodes;
    }


    public int getShowTime() {
        return showTime;
```

```
        }
        public void setShowTime(int showTime) {
            this.showTime = showTime;
        }
    }
//GridView 适配对象
public class FillContent {
    private int imageId;
    public FillContent(int imageId){
        this.imageId=imageId;
    }
    public int getImageId() {
        return imageId;
    }
    public void setImageId(int imageId) {
        this.imageId = imageId;
    }
}


// 适配器
public class MyAdapter extends ArrayAdapter<FillContent>{

    private int resourceId;
//    构造方法
    public MyAdapter(Context context, int textViewResourceId,
            List<FillContent> objects) {
        super(context, textViewResourceId, objects);
        resourceId=textViewResourceId;
    }

//    适配方法
    public View getView(int position,View contentView,ViewGroup parent){

        FillContent content=getItem(position);
        View view;
        ViewHolder viewHolder;
```

```
            if(contentView==null){

                view=LayoutInflater.from(getContext()).inflate(resourceId, null);
                viewHolder=new ViewHolder();
                viewHolder.fillImageView=(ImageView)view.findViewById(R.id.image);
                view.setTag(viewHolder);
            }else{
                view=contentView;
                viewHolder=(ViewHolder)view.getTag();


            }
            viewHolder.fillImageView.setImageResource(content.getImageId());
            return view;
        }

//    定义要适配的类存放图片元素
        class ViewHolder{
            ImageView fillImageView;
        }
}
// 字模类
public class Matrix {
        private static Matrix matrix = new Matrix();
        private Matrix(){};
        public static Matrix getInstance(){
            if(matrix==null){
                matrix = new Matrix();
            }
            return matrix;
        }

//     获取文字的字节数组
        public byte[] getByteArray(String word,AssetManager am){
            try {
                InputStream fis = am.open("hzk16s");
```

```
        byte[] wb = word.getBytes("GB2312");
        int offset = (94*(wb[0]+256-161)+wb[1]+256-161)*32;
        fis.read(new byte[offset]);
        byte[] buffer = new byte[32];
        fis.read(buffer);
        fis.close();
        for(int k=0; k<16; k++){
        for(int j=0; j<2; j++){
            char[] cs = Integer.toBinaryString(buffer[k*2+j]&0xFF).toCharArray();
            for(int i=0; i<8; i++){
                int len = cs.length;
                if(len+i<8){
                    System.out.print(" ○ ");
                }else{
                    System.out.print(cs[len+i-8]=='1'?" ● ":" ○ ");
                }
            }
        }
        System.out.println();
    }
        return buffer;
    } catch (FileNotFoundException e) {
        e.printStackTrace();
        return null;
    } catch (UnsupportedEncodingException e) {
        e.printStackTrace();
        return null;
    } catch (IOException e) {
        e.printStackTrace();
        return null;
    }
    }
}
```

MainActivity 处代码:

定义视图适配对象 FillConten 代码如下:

```java
public class FillContent {

    private int imageId;
    public FillContent(int imageId){
        this.imageId=imageId;
    }
    public int getImageId() {
        return imageId;
    }
    public void setImageId(int imageId) {
        this.imageId = imageId;
    }
}
```

定义适配器：

```java
// 适配器
public class MyAdapter extends ArrayAdapter<FillContent>{

    private int resourceId;
//    构造方法
    public MyAdapter(Context context, int textViewResourceId,
            List<FillContent> objects) {
        super(context, textViewResourceId, objects);
        resourceId=textViewResourceId;
    }
//    适配方法
    public View getView(int position,View contentView,ViewGroup parent){

        FillContent content=getItem(position);
        View view;
        ViewHolder viewHolder;

        if(contentView==null){

            view=LayoutInflater.from(getContext()).inflate(resourceId, null);
```

```
            viewHolder=new ViewHolder();
            viewHolder.fillImageView=(ImageView)view.findViewById(R.id.image);
            view.setTag(viewHolder);
        }else{
            view=contentView;
            viewHolder=(ViewHolder)view.getTag();

        }
        viewHolder.fillImageView.setImageResource(content.getImageId());
        return view;

    }

//    定义要适配的类存放图片元素
    class ViewHolder{
        ImageView fillImageView;

    }

}
```

实现视图显示及 JNI 接口调用：

```
public class MainActivity extends Activity implements OnClickListener{
    private GridView gView;
    private List<FillContent> data_List=new ArrayList<FillContent>();
    private EditText text;
    private Button submitButton;
    private Button testButton;
    private int[] icon={R.drawable.blue,R.drawable.orange};
    private MyAdapter adapter;
    protected void onCreate(Bundle savedInstanceState) {
        super.onCreate(savedInstanceState);
        setContentView(R.layout.activity_main);
        init();
        initData(icon);
//        初始化适配器
        adapter=new MyAdapter(MainActivity.this, R.layout.item,data_List);
```

```
        gView.setAdapter(adapter);
        submitButton.setOnClickListener(this);
        testButton.setOnClickListener(this);
    }

    @Override
    public boolean onCreateOptionsMenu(Menu menu) {
        getMenuInflater().inflate(R.menu.main, menu);
        return true;
    }

//  初始化标签组件
    private void init(){
        this.text=(EditText)findViewById(R.id.editText1);
        gView=(GridView)findViewById(R.id.gview1);
        submitButton=(Button)findViewById(R.id.button1);
        testButton=(Button)findViewById(R.id.button2);
        FontClass.getInstance();
    }

//  初始化数据
    public void initData(int[] icon){
        for(int i=0;i<icon.length;i++){
            FillContent con=new FillContent(icon[i]);
            data_List.add(con);
        }
    }
    @Override
    public void onClick(View arg0) {
        int key=arg0.getId();
        switch (key) {
        case R.id.button1:
            String str =text.getText().toString();
            if(str.length()!=0){
                byte[][] data = FontClass.getInstance().setContent(str,this.getAssets());
```

```
                    icon = getIcon(data[0]);
//          清空数据
                    adapter.clear();
//          初始化数据
                    initData(icon);
//          通知数据改变
                    adapter.notifyDataSetChanged();
                }
                break;
            case R.id.button2:
                FontClass.getInstance().startTest(this.getAssets());
                break;
            default:
                break;
            }
        }

//   获得解析后的数组
    public int[] getIcon(byte[] data) {
        int[] arr = new int[256];
        int n = 0;
        for(int k=0; k<16; k++){
            for(int j=0; j<2; j++){
                char[] cs = Integer.toBinaryString(data[k*2+j]&0xFF).toCharArray();
                for(int i=0; i<8; i++){
                    int len = cs.length;
                    if(len+i<8){
                        arr[n] = R.drawable.blue;
                    }else{
                        if(cs[len+i-8]=='1'){
                            arr[n] = R.drawable.orange;
                        }else{
                            arr[n] = R.drawable.blue;
                        }
                    }
                    n++;
```

```
                }
            }
        }
        return arr;
    }


    @SuppressWarnings("deprecation")
    @Override
    public boolean onKeyDown(int keyCode, KeyEvent event){
        if (keyCode == KeyEvent.KEYCODE_BACK ){
            AlertDialog isExit = new AlertDialog.Builder(this).create();
            isExit.setTitle(" 系统提示 ");
            isExit.setMessage(" 确定要退出吗 ");
            isExit.setButton(" 确定 ", listener);
            isExit.setButton2(" 取消 ", listener);
            isExit.show();
        }
        return false;
    }
    DialogInterface.OnClickListener listener = new DialogInterface.OnClickListener(){
        public void onClick(DialogInterface dialog, int which){
            switch (which){
            case AlertDialog.BUTTON_POSITIVE://" 确认 " 按钮退出程序
                DotArrayClass.Exit();
                finish();
                break;
            case AlertDialog.BUTTON_NEGATIVE://" 取消 " 第二个按钮取消对话框
                break;
            default:
                break;                    }              }   }; }
```

10.3　综合实验

具体实验细节及讲解参见《嵌入式 Android 开发手册 V0.9》（http://trics.nankaie.du.cn/embedded/android-v0.9.pdf）。

参考文献

1. 北京奥尔斯教育科技有限公司 .S5P6818 裸机系统用户指南 .2018.
2. 李庆诚，刘嘉收，张金 . 嵌入式系统原理 [M]. 北京：北京航空航天大学出版社，2007.
3. 张军朝，高保禄，杨晓峰 . 嵌入式系统 [M]. 北京：机械工业出版社，2015.
4. 葛超，王嘉伟，陈磊 . ARM 体系结构与编程 [M]. 北京：清华大学出版社，2012.
5. 戴维·A. 帕特森（David A.Patteron），约翰·L. 亨尼斯（John L. Hennessy）. 计算机组成与设计：硬件 / 软件接口（原书第 5 版 ARM 版）[M]. 陈微，译 . 北京：机械工业出版社，2018.

致　谢

　　本书能够成稿,首先要感谢南开大学嵌入式系统与信息安全实验室的李庆诚老师、南开大学智能计算系统实验室的李涛老师,他们在全书编写的过程中给予的指导和帮助。同时也要感谢实验室刘蒙蒙博士、王玉馨同学对初稿的校对和修改的工作,感谢郑光明同学对实验部分程序代码的测试和验证,感谢北京奥尔斯科技公司提供的实验平台。此外,感谢南开大学出版社张燕老师提供的帮助,更要衷心感谢南开大学出版社编辑白三平老师给予的校对、修正和提供的帮助,白老师在本书编写过程中耗费很大精力进行校对并提出了诸多良好建议,十分感谢。限于作者水平和经验有限,编写过程中难免存在不当之处,恳请读者见谅并提出宝贵意见。

卢　冶